공부하라고 하지 않고도
아이를 공부시키는 비결

공부하라고 하지 않고도

아이를 공부시키는 비결

간노 준 지음 | 임정희 옮김 | 문용린 추천

이아소

아이의 마음을 움직이는
동기부여 비법을 만나보세요

일본을 가깝고도 먼 나라라고 하는데, 이 책을 읽으면서 참 가까운 나라로 느꼈다. 간노 준 교수가 체험하고 파악한 아이들의 모습이 우리 아이들과 너무도 닮아 있기 때문이다. 일본이나 우리나라나 이런 아이들이 너무도 흔한가 보다.

"우리 애는 공부할 생각을 전혀 안 해요. 시험이 가까워 오는데도 부모가 말을 안 하면 공부할 계획도 안 세워요. 시험 직전에 뭐하고 있나 들여다보면 게임이나 하고 있고, 공부 좀 하라고 해도 건성으로 대답할 뿐이에요. 시험도 얼마 안 남았는데, 어떻게 해야 공부할 마음을 먹을지 모르겠어요."

이 책의 저자인 간노 준 교수는 좀 특이한 인물이다. 현직은 와세다 대학에서 심리학을 가르치고 있는 교수이지만, 대학 밖의 일상적 현장에서 유아, 어린이, 청소년들과 항상 씨름하며 살아온 교육상담사이다. 평범한 상담사도 아니다. 장애를 가진 아이들의 아픔과 서러움에 깊이 빠져본 특별한 상담사다.

이 책은 대학 강단의 이론과 지식으로 빽빽하게 채워진 글이 아니라 길거리에서, 시설에서, 학교에서 저자가 몸소 겪고 부대낀 아이들과의 경험 속에서 추출해낸 통찰과 지혜의 글 모음이다.

아이들을 바라보는 저자의 시선은 남다르다. 일반적으로 어른들이 아이들을 바라보는 관점은 한탄과 우려다. 아이들이 지금 얼마나 상태가 안 좋고, 행동거지가 얼마나 한심한가 하는 시선으로 아이들을 바라본다. 하지만 저자는 문제를 지적하거나 실망에 가득 찬 목소리로 탄식하지 않는다. 대신 위기에 처한 아이들에게 필요한 비타민과 같은 영양제를 찾는 일에 더 분주하다.

간노 준 교수의 머릿속을 맴돈 의문은 이것이었다. 아이들은 도대체 무엇이 모자라서 저런 문제를 겪고 있는가? 비타민C가 모자라면 괴혈병 증상이 나타나는 것처럼, 아이들 속에 결핍된 어떤 심리적 특징이 독특한 행동증상을 나타내는 게 아닐까? 그래서 간노 준 교수가 주목한 것이 바로 '의욕'이다.

저자는 아이들의 문제를 의욕의 관점에서 분석하고, 의욕의 관점에서 해결책을 찾는 데 주력하고 있다. 의욕은 아이를 스스로 움직이게 하는 원동력이다. 의욕 상실이 요즘 많은 아이들이 겪는 문제의 핵심 고리이고, 의욕 회복이 아이들을 회생시키는 최고의 치료제다. 의욕을 되찾으면 아이들은 미래를 향해 용감하게 돌진한다. 간노 준 교수는 그래서 의욕 치료사이고, 의욕 마술사다.

이 책은 부모 마음에 들지 않는 아이들의 형동을 '문제'로 낙인찍을 것이 아니라 무엇인가 결핍된 상태로 다시 바라코기를 요청한다. 시각의 전환을 요구하는 것이다. 지적하고 한탄하기보다는 아이들이 무엇을 필요로 하는지를 알아야 한다. 아이들이 잃어버린 의욕을 되찾아주고 활성화시키는 일은 아이들 지도의 새로운 창을 보여 준다. 이것이 간노 준 교수의 큰 공헌이다.

이런 새로운 관점으로 아이들을 바라보고 아이들과 소통하면 지금 부모들이 겪고 있는 큰 고민이 해결될 것이다. 부모가 변하면 아이가 자연스럽게 변한다.

젊은 부모들과 젊은 학교 선생님들께 특히 이 책을 권한다. 그들은 아이들을 지지하고 격려할 수 있는 가장 좋은 위치에 있는 이들이다. 이 책에서 아이들에게 동기를 부여하는 최고의 매뉴얼을 만날 수 있다.

간노 준 교수의 순수하고 아름다운 '의욕'에 경의를 표한다.

문용린

빈둥거리는 아이를 보며
불안해하는 모든 부모님께

"우리 애는 공부할 생각을 전혀 안 해요. 시험이 가까워 오는데도 부모가 말을 안 하면 공부할 계획도 안 세워요. 시험 직전에 뭐하고 있나 들여다 보면 게임이나 하고 있고, 공부 좀 하라고 해도 건성으로 대답할 뿐이에요. 시험도 얼마 안 남았는데, 어떻게 해야 공부할 마음을 먹을지 모르겠어요."

"공부가 싫으면 안 할 수도 있어요. 그렇다고 해서 운동이나 음악 같은 것을 열심히 하고 있느냐 하면, 그런 것도 아니라는 게 걱정이에요. 관심은 온통 게임이나 연예인한테 쏠려 있는데, 그런 데 푹 빠져가지고 장래에 뭐가 되겠어요?"

"초등학교 때는 노는 데나 공부하는 데나 학교 행사에나 늘 의욕적으로 참여하는 아이였는데, 중학생이 되더니 특별활동도 안 하고 게임이나 컴퓨터에만 빠져 있어요. 시험 전인데도 공부도 안 하고, 주변 친구들도

다 그런 애들이에요. 초등학교 때 모습으로 돌아갔으면 좋겠어요.”

초등학교 고학년이나 중학생 아이를 둔 어머니들이 입버릇처럼 늘어놓는 대표적인 불평불만이 바로 이런 것들입니다.

제 소개부터 하겠습니다. 간노 준이라고 합니다. 중학생용 책에서는 강 박사라는 이름으로 등장하기도 하지요. 대학에서 상담을 가르치고 있는 심리학자이며, 오랫동안 현장에서 아이들과 부모님들을 상대로 상담을 해왔습니다.

그런 과정을 지나오면서, 아이가 사춘기에 접어들었을 때 부모님들 입에서 빈번히 튀어나오는 말이 하나 있다는 것을 깨달았습니다. 바로 ‘의욕’이라는 말이에요. 의욕이 없다, 의욕적이었으면 좋겠다, 도대체 언제 의욕적인 아이가 되려나, 의욕을 안 보여서 걱정이다 등등.

그런데 잠깐만요. 아이가 정말로 ‘의욕’이 없는 것일까요? 예컨대 아이가 다섯 살이었을 때, 아이한테 ‘의욕’이 없을까 봐 걱정하신 적이 있었나요?

부모가 아이의 의욕에 의문이나 불안을 느끼기 시작하는 것을 보면, 대개가 시험이나 숙제와 같이 ‘학습’이나 ‘공부’가 아이에게 중요한 주제로 다가왔을 때입니다. 다시 말하면 부모가 말하는 ‘의욕’이란 ‘공부하려는 의욕’이라 할 수 있겠지요. 공부할 의욕이 없어 보이는 경우에는, 최소한 특별활동이나 학생회 활동, 특기공부나 영어공부 같은 것이라도 좀 열심히 해주었으면 좋겠다고 생각합니다. 그런데 아무리 봐도 아이에게 뭔가 하려는 의욕이 보이지 않을 때, 비로소 부모들이 걱정을 하게 되는 것이지요.

　그런 한편, 정작 당사자인 아이는 자기에게 의욕이 있는지 없는지 별로 생각이 없습니다. "뭔가 할 생각이 있는 거냐?" 하고 물으면,

　"응? 없어."(아예 부정한다.)

　"있어, 있어! 무지 무지 있어!"(입으로 말만 잘한다.)

　"……."(무시한다.)

　"아아, 그만 좀 해!"(갑자기 화를 낸다.)

　대체로 이런 정도의 반응을 보일 거예요. 한숨이 푸욱 나오지요.

　부모들이 기대하는 말은 아마 이런 내용일 겁니다. "역시 나는 의욕이 없는 것 같아. 이대로 가면 안 되는데. 뭔가 열심히 하고는 싶은데, 어떻게 하면 좋을까?"

　이런 말이 아이 입에서 나올 리가 없지요.

아이의 변화를 위해 부모가 할 수 있는 것과 없는 것

그러면 이런 아이가 좀 의욕적인 아이로 변했으면 좋겠다 싶을 때 부모가 할 수 있는 일이 있을까요? 네, 사실은 있습니다. 아이의 등뼈 아래쪽에서 여섯 번째 관절 부분에 '의욕 스위치'가 있으니 거기를 뒤에서 꾸욱 눌러 주세요. 그러면 "의욕 충만 모드로 변신!" 하면서 바로 공부하기 시작할 테니까요……. 이런 농담은 일단 접어둘게요.

　부모가 할 수 있는 일이 정말로 있기는 있습니다. 그럼 빨리 가르쳐 달라고요? 네, 알겠습니다. 가르쳐 드릴게요.

❶ 의욕의 ‘토대’를 만든다.

❷ 의욕을 짓밟지 않는다.

바로 이 두 가지입니다.

두 가지밖에 없냐고요? 죄송합니다만, 그렇습니다.

만약 ‘목표를 향해 질주할 수 있게끔 노련하게 회초리를 드는 방법’이라든지 ‘의욕을 부글부글 끓어오르게 만들 결정타 한마디’라든지 ‘공부에 빠져들게 선동하는 방법’ 같은 것을 알고 싶어서 이 책을 펼치셨다면, 애석하게도 그 기대에 부응하기는 어려울 것 같군요. 이대로 다시 책꽂이에 꽂아주시기 바랍니다.

그렇게 하지 않고 계속 읽고 계시는 분, 감사합니다. 그럼 계속해 보겠습니다.

자기 아이가 ‘시험공부에 의욕을 불태우는 모습’ 또는 ‘주어진 과제를 제대로 딱딱 해내는 모습’을 볼 때 부모님들이 마음을 놓는 것은 사실입니다. 부모란 그때그때 단기적으로 아이가 의욕적인 모습을 보여주기를 기대하는 존재라고 할 수 있으니까요.

그러나 계속해서 단기 의욕을 보여줄 것만을 요구하면서 아이를 재촉하면 어떻게 될까요? 장기적으로 보면, 아이한테서 성장의 싹과 의욕의 싹을 뽑아버리는 결과를 낳을 수도 있습니다. 본래 의미의 의욕이 필요할 때 의욕이 안 생기는 사람이 되어 있는 것이지요.

학교 성적보다 더 중요한 것

앞으로 아이가 커서 취직을 했을 때를 생각해봅시다. 누구든지 갈피를 못 잡고 괴로워하는 상황에 딱 부딪치는 일이 일어날 것입니다. 중간에 집어치우고 싶은 상황이 한두 번이 아닐 거예요. 아무리 하고 싶어하고 원했던 직업이라 해도, 돈 받고 일하는 직장에는 어려움이 따라다니기 마련이니까요.

그럴 때 정말로 집어치우는 사람도 있고 적극적으로 맞서서 버티는 사람도 있습니다. "일단 내가 선택한 일이니까 책임지겠다." "사회에 꼭 필요한 일이니 참자." "몇 년 후에 내가 원하는 일을 붙잡을 수 있을 때까지, 지금은 참는다." 이렇게 스스로를 다독이면서 참고 견디는 사람들이 있지요.

당장의 학교 성적보다, 좋은 학교에 입학하는 것보다 더 중요한 문제는 바로 삶을 살아내는 저력을 기르는 것입니다. 이것이야말로 진정한 의미에서 의욕이라 할 수 있습니다.

어른이 되었을 때 자기 스스로 분발할 수 있는 인간이 되기를, 이 세상 모든 부모가 바라고 있습니다. 진짜로 맞서 싸워야 하는 순간이 왔을 때 겁내지 말고 싸워주기를, 그리고 자기 힘으로 행복한 인생을 손에 넣기를 바라는 것이지요. 그렇기 때문에 부모가 자기 아이에게 의욕을 불어넣고 싶어하는 것입니다.

이처럼 더 긴 안목에서 의욕 문제를 바라볼 필요가 있습니다. 어느 정도 인생을 살아보면 '인생은 마라톤'이며 '초등 4학년 성적이 평생 성적이 아니'라는 말을 인정하게 되지 않습니까.

그렇다면, 중요한 것은 딱 2가지예요. 어린아이 시절에 '의욕의 토대를 만들어 주는 것'과 '아이의 의욕을 짓밟지 않는 방법을 아는 것'입니다. 이것만 잘 알면 아이의 의욕 스위치가 어디에 있는지 자연히 알게 됩니다. 그리고 아이가 자기 손으로 의욕 스위치를 누를 수 있게 하려면, 부모가 무엇을 해야 하는지도 눈에 잘 보이게 될 거예요.

'의욕'이라고 하는 것은 그 말이 갖고 있는 강한 이미지와 모순되게도 지극히 섬세하고 흔들리기 쉬운 것입니다. 뒹굴뒹굴 누워서 게임이나 하고 만화책이나 들여다보고 있는 아이들의 내면에도 그런 '의욕'의 싹은 꿈틀거리고 있답니다. 이런 믿음을 가지고서 이 책을 계속 읽어나가 주셨으면 합니다.

간노 준

차례

1 스스로 공부하는 아이로 키우는 비결

2 끝까지 포기하지 않는 아이로 키우는 비결

5 스스로 공부하는 힘이 평생 성적을 좌우한다

6 아이에게 필요한 칭찬의 말은 따로 있다

7 부모와 아이 사이, 소통의 기술

"공부는 나를 위한 거야!"

이렇게 내적 동기가 있어야 스스로 공부하죠.
내적 동기를 심어주는 방법를 알아봅시다.

제1장

스스로 공부하는 아이로 키우는 비결

'공부하고 싶은 마음'을 갖게 하려면

무엇인가를 열심히 하려는 생각이나 마음이라는 뜻으로 '의욕'이라는 말을 많이 쓴다. 초등학교 급훈으로 '열심히 하는 마음'을 내걸고 있는 경우도 있고, 공부에 진척이 없거나 영업 성적이 저조할 때 "도대체 열심히 할 생각이 있는 거냐, 없는 거냐?" 하는 말을 흔히 한다. 열혈 액션 만화 같은 데서는 '의욕'을 넘어서 '군기', '분발', '근성' 같은 말들도 많이 볼 수 있다.

그런데 의욕이라는 것이 '나오게 만들 수 있는' 것일까? 학급 급훈으로 '열심히 하는 마음'을 내걸면, 그걸 보고 아이들 마음속에서 의욕의 싹이 돋아날까?

의욕이라는 말은 심리학 용어로 '동기'에 해당한다. 이것은 '무엇인가를 행하는 원동력이 되는 기분'이다. 무엇인가를 발생시키고 지속시키고 일정한 방향으로 이끄는 힘. 영어로 모티베이션(motivation)이라는 말도 많이 쓰이고 있다.

동기에는 외부에서 주어지는 동기(외적 동기)와 내부에서 일어나는 동기(내적 동기) 이렇게 두 종류가 있다.

외부에서 주어지는 동기 가운데 하나가 생리적 동기이다. 배가 고파서 참을 수 없을 때를 생각해보자. 아무리 귀찮아도 라면을 끓이거나 식사하러 밖에 나가거나 어떤 행동을 하게 될 것이다. 이럴 때 '배가 고프다'고 하는 생리 현상이 의욕을 불러일으켰다고 말할 수 있다.

또 하나, 사회적 동기도 있다. "○○한테 지기 싫어서 공부한다." 또는 "운동회에서 1등 하면 영웅이 될 수 있으니까 연습할 거야." 하는 경우에 해당한다.

보상도 협박도
먹히지 않을 때

옛날에 아직 가난했던 시절에는 사회적 동기 때문에 공부하는 아이들이 많이 있었다. 열심히 공부해서 좋은 대학에 들어가고 좋은 회사에 취직하는 것이다. 그러면 가난에서도 벗어날 수 있었고 배불리 많이 먹을 수도 있었으며 가족을 행복하게 해줄 수도 있었다. 진짜 헝그리 정신이 사람을 공부로 몰아붙였던 시절이 있었던 것이다. 만족스럽지 못한 현실에서 벗어나고자 끝없이 노력을 거듭해 자기의 가능성을 넓혀나간 사람들. 위인전을 뒤적여보면 그런 인물들을 쉽게 발견할 수 있다.

시대가 변하여 지금은 경제적으로 넉넉한 세상이 되었다. 그다지 노력하지 않아도 원하는 것을 쉽게 얻을 수 있게 된 것이다. 먹을 것도 넘치고, 장난감이나 노는 장소를 찾는 것도 별로 어렵지 않다.

옛날에는 공부를 안 한다는 것은 곧 어른들과 똑같이 일을 한다는 것을 뜻했다. 학교 가지 않는 시간에 아이들은 집안일이나 농사일을 거들어야 했다. 그때와 달리 지금은 '공부를 안 한다는 것'이 바로 '100퍼센트 자유 시간'이 되는 시대가 되어버렸다. 그러고 보면, 아이들이 공부를 안 하는 게 더 편하고 좋다고 생각하는 것도 무리가 아니다.

지금과 같은 시대에 살고 있다 해도 사회적 동기라는 것은 있다. 부모들은 흔히 아이에게 "시험에서 1등 하면 갖고 싶다고 했던 게임 소프트 사줄게." 또는 "어디 좋은 데 놀러 가자." 하면서 상을 내건다. 또 "○○한테 지지 않도록 열심히 해."라면서 라이벌 의식을 부추기거나 "이번에 국제중 못 가면 어떡할래? 그러면 커서 네 아버지처럼 된다." 하며 무시무시한 협박(?)을 하기도 한다. 이런 것이 사회적 동기를 자극하는 예이다.

이때 아이가 "상 같은 거 필요 없고 공부도 하기 싫어요."라고 할 수도 있다. 또 "친구한테 진대도 뭐 별로 상관없어요." 또는 "△△중학교가 어때서?"라고 생각할 수도 있다. 이런 경우에는 아이에게 의욕을 불어넣기가 어려울 것이다. 이것이 외부에서 주어지는 동기의 한계이다.

'혼날까 봐' 하는
공부는 오래 못 간다

한편, 마음 안쪽에서 솟아나는 의욕이 있다. 대표적인 것이 호기심이다. 마음속에서 "왜 이렇게 되는 걸까?", "더 알고 싶다."고 하는 생각이 일어난다면, 아이는 좀더 의욕적으로 공부하게 될 것이다.

아이가 어렸을 때는 "왜?", "어째서?" 같은 말을 입에 달고 산다. 나도 어렸을 때 그런 아이였다고 어머니께 들은 적이 있다. 아이는 성장하는 과정에서 이 세상의 이런저런 것들에 의문을 품는다. 그리고 그 이유가 궁금해서 사람들에게 묻는 것이다. 바로 여기에서 배움의 싹이 움트기 시작한다.

또 인간에게는 자기 자신을 자랑스럽게 생각하고 싶어하는 자존감이라는 것이 있다. 그리고 모처럼 시작했으니 마지막까지 끝내고 말겠다고 마음먹는 달성동기라는 것도 있다. 다른 사람이 칭찬해주지 않아도 내가 나를 칭찬하고 싶다는 감정 그리고 스스로 해낼 수 있다는 것을 확인하고 싶은 감정, 이런 감정이 사람을 어떤 행동으로 밀어붙이는 힘이 되는 경우가 분명히 있는 것이다.

외적인 동기와 내적인 동기는 모두 의욕을 불러일으킨다. 그러나 아이의 공부 의욕은 가능한 한 마음 안쪽에서 솟아나오게 도와주는 것이 좋다.

시험이 있을 때마다 아이에게 상을 내거는 부모가 있다. 또 공부 안 하면 큰일 난다고 협박을 하거나 다른 집 아이와 비교하면서 라이벌 의식을 부추기는 부모도 있다. 그러나 온갖 수단을 동원해 외적인 동기를 부여한다 해도, 그런 것은 아이에게 근본적인 힘이 되지 않는다. 부모라는 압력이 없어지면 다시 제자리로 돌아가기 때문이다.

최근 핀란드 교육 시스템에 대한 관심이 높아지고 있다. 한국이나 일본 학생들보다 훨씬 적은 시간을 공부하고도 학력이 가장 높은 나라, 공부란 나를 위한 것이고 인생을 바꾸는 것이라고 생각하는 핀란드 아이들. 도대체 어떻게 이런 공부가 가능할 수 있단 말인가.

아마 핀란드 아이들은 공부에 대한 내적 동기를 충분히 갖고 있을 것이다. 이 책에서 함께 생각해보고자 하는 것은, 어떻게 하면 아이의 내적인 동기를 키워줄 수 있을까 하는 것이다.

도대체 우리 아이는
왜 의욕이 없는 걸까

이 책을 준비하면서, 아이들이 뭔가를 할 생각을 안 한다거나 의욕이 없다고 하는 말들이 과연 언제부터 나오기 시작했는지를 찾아보았다. 그런데 뜻밖에도 1970~80년대 논문이나 교육관련 기사 같은 데서는 아이들의 의욕에 관한 이야기를 찾아볼 수 없었다. 최소한 '무기력'하다는 말 정도는 나오지 않을까 했으나, 역시 그런 말도 발견할 수 없었다.

"도대체 요즘 아이들의 의욕이라는 것이 말이지…." 하는 이야기는 굉장히 근래에 들어와서 대두된 문제라는 생각이 든다.

본래 아이들이란 뭔가를 하려는 의욕이 넘치는 존재이다. 실제로 아이가 어렸을 때 "우리 애가 과연 뭔가 열심히 할 생각이 있는 것일까?" 하고 걱정했던 부모는 거의 없을 것이다. 아이들은 열심히 자기가 좋아하는 놀이에 몰두하며 매사에 호기심이 넘친다. 또 유치원 행사에도 활발하게 참

여할 뿐 아니라 심부름 비슷한 일이 있으면(부모로서는 반갑지 않은데도)
"내가 할래. 내가 할래." 하며 시끄럽게 달려든다.

이윽고 아이의 최대 과제가 '공부'라는 것으로 전환되는 시기를 맞게
된다. 그때부터 부모들이 아이의 '의욕'을 놓고 걱정하기 시작한다. 도대
체 왜 그럴까?

30년 전의 부모들은 '아이의 의욕'을 별로 걱정한 적이 없었다. 그러나
현대의 부모들에게는 이것이 커다란 문제가 되었다. 그렇게 된 이유는 무
엇일까? 그리고 '의욕이 없다는 것'의 정체는 무엇일까? 다음에 그 문제
들을 나름대로 정리해 보았다.

공부 잘하는 집안은 가족관계가 다르다

부모와 아이 사이, 방향이 서로 일치하고 있다

의욕에는 '방향'과 '에너지'가 있다. 그러나 뜻밖에도 이런 사실이 잘 알려져 있지 않다. 이것을 그림으로 나타낸 것이 다음의 그래프이다. 그래프의 세로축은 '공부'이고 가로축은 '공부 이외의 것'을 가리킨다. 그리고 화살표의 두께는 에너지의 크기이다. 하얀 화살표는 부모가 생각하는 의욕이고 분홍 화살표가 실제 아이의 의욕이다.

그림 ①은 부모와 아이의 의욕이 가리키는 방향이 서로 어긋나 있는 경우이다. 부모의 화살표는 각도가 좀더 공부 쪽으로 기울어져 있는데, 아이의 화살표는 그 이외의 방향을 향하고 있다. 이런 경우에는 '우리 애가 뭔가 할 생각이 없는 것'이 아니라 그 방향이 다른 쪽을 향하고 있다고 보아야 한다. 아이는 공부 이외의 부분, 여컨대 음악이라든지 애니메이션이

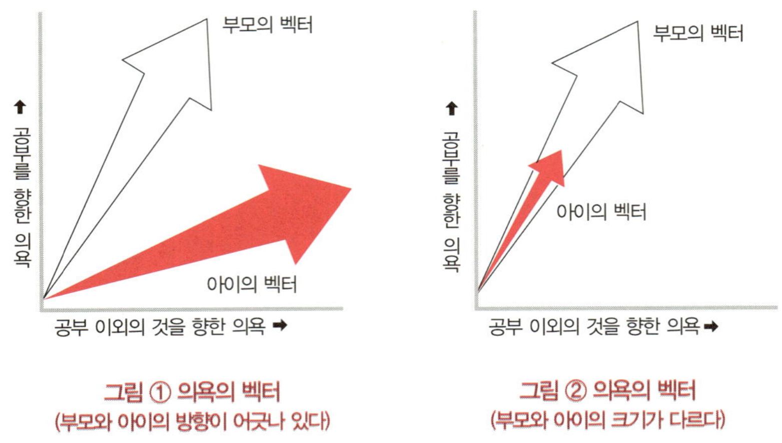

그림 ① 의욕의 벡터
(부모와 아이의 방향이 어긋나 있다)

그림 ② 의욕의 벡터
(부모와 아이의 크기가 다르다)

라든지 연예인 팬클럽 같은 데에는 열렬하게 에너지를 쏟고 있다. 다만 부모가 원하는 방향을 향하고 있지 않은 것뿐이다. 이러한 점을 부모가 잘 이해해야 할 필요가 있다.

개인차를 인정한다

그림 ②는 의욕의 에너지 크기가 부모의 기대에 미치지 못하고 있는 경우이다.

부모는 흔히 자기 아이가 얼마나 열심히 하고 있는지 또는 자기 아이의 능력이 어느 정도인지를 잘 알고 있다고 생각한다. 그러나 부모와 자식이라 해도 별개의 인격체이다. 그렇기 때문에 부모가 알고 있는 것과 아이의 실상이 다른 경우가 적지 않다.

이 경우에는 아이가 부모와 같은 방향으로 가려고 열심히 노력은 하고 있다. 그런데 부모가 원하는 수준까지 가지 못하는 것이 힘든 상황이라 하겠다.

어떤 아이든지 하면 다 할 수 있다든가 노력하면 꿈은 이루어진다든가 하는 말들이 있다. 그런 종류의 말들이 맞는 면이 있다는 것은 사실이다. 그러나 안타깝게도 진실이 아닌 경우도 있다. 아이의 능력, 자질, 성격 등에 따라서 할 수 있는 것과 할 수 없는 것이 분명히 존재하는 것이다.

지능지수가 높고 낮은 차이도 있겠지만, 아이들을 보면 그 모습이 참 천차만별이다. 어떤 일을 집중해서 착착 해나가는 아이도 있고, 남의 시선을 의식하는 아이도 있으며, 분위기를 봐가면서 움직이는 아이도 있다. 이와 같은 성격 부분도 그 아이의 능력이라 할 수 있다. 이러한 개인차를 무시한 채, 의욕이 모든 것의 원인이라고 생각하는 것은 굉장히 위험하다.

또 나이가 문제가 될 수도 있다. 유치원 아이에게 방정식을 가르치는 것이 의미 없는 것처럼, 아이가 아직 '열심히 할 때가 되지 않은' 경우도 있는 것이다. 이처럼 아직 왕성한 의욕이 솟아나지 않은(물론 부모가 바라는 수준까지) 아이에게 "왜 열심히 할 생각을 안 하느냐?"고 몰아붙이면 안 된다. 자신감을 잃어버리고 점점 더 의욕 없는 아이가 될 수도 있기 때문이다.

생활습관이 안정되어 있다

의욕이 생기려면 그 나름대로 환경이 마련되어 있어야 한다는 점이 중요하다. 가장 큰 전제는 몸과 마음이 건강해야 한다는 것이다.

예컨대 병은 아니라 해도 아이의 생활 리듬이 흐트러져 있는 경우를 생각해보자. 이런 아이한테서는 좀처럼 활기차게 행동하는 모습을 찾아보기 어렵다. 만약 잠이 부족하다면 아침에 쉽게 일어나지 못하고 아침 식사도 대충 하고 넘어갈 것이다. 아침밥을 안 먹으면 체온이 올라가지 않기 때문에 학교에 가서도 눈이 잘 안 떠지고 공부에 집중하기도 어려워진다. 오전 시간을 그렇게 몽롱하게 보내고 점심을 먹고 나면 그 다음에야 겨우 정신이 들 것이다. 그런 상태에서는 당연히 학습 내용이 머릿속에 들어올 리가 없고 의욕도 솟아나지 않는다. 엔진이 풀가동하게 되는 것은 학교가 끝난 다음이다. 그러니 집에서 게임을 하거나 친구들과 놀러 나갈 때 눈이 반짝이고, 밤에는 잠이 잘 안 오는 악순환에 빠지게 되는 것이다.

한편, 마음의 건강도 중요하다. 아이가 친구나 이성문제로 고민을 할 수도 있고, 선생님이 잘 이해해주지 않아서 힘들어할 수도 있다. 또는 학교에서 따돌림을 당하고 있는 경우도 있을 수 있다.

집을 마음 편한 곳이라고 느끼지 못하는 아이들도 열심히 하려는 의욕을 갖기 어렵다. 부모가 매일 싸운다든지, 고부 갈등으로 시끄럽다든지, 어머니가 안 계시는데 따뜻하게 보살펴주는 사람이 없다든지, 부모의 애정이나 마음이 다른 형제에게 쏠려 있다든지 등등의 경우가 그렇다.

또한 사춘기의 특징이라고 할 심신의 불안정도 영향을 미친다. 몸과 마음의 변화 때문에 아이가 안절부절못하고, 뭔가 의욕적으로 할 생각을 좀처럼 못하는 것이다.

이와 같이 아이의 몸과 마음에 어떤 쿨안정한 요소가 숨겨져 있는 경우에는, 의욕 부족이 'SOS 신호'일 가능성이 있다. 부모들이 주의해서 지켜보아야 할 부분이 이것이다. 만약 그런 신호를 눈치 채지 못하고 열심히 할 것만을 요구하다가는, 아이를 최악의 사태로 몰고 갈 수도 있기 때문이다.

의욕의 토대가 만들어져 있다

부모가 아무리 "좀 의욕적으로 열심히 해 봐!" 하고 다그쳐도 "의욕이 생겨날 기본 토대가 안 만들어져 있다고요!" 하는 아이들이 가끔 있다. 의욕이 생겨날 수 있는 최저 조건 같은 것이 아직 마련되어 있지 않은 경우라 할 수 있겠다.

'의욕을 불러일으키는 것'을 '드라이브하는 것'에 비유해보자. 실제로 드라이브를 하려면 우선 큰 전제가 '잘 굴러가는 자동차'가 있어야 한다는 것이다. 자동차에는 연료가 들어 있어야 한다. 거기에 운전하는 기술(면허) 역시 빠뜨릴 수가 없다. 이것이 드라이브를 할 수 있는 최저 조건이다. 마찬가지로 의욕을 불러일으키는 것에도 최저 조건이 있다.

'잘 굴러가는 자동차'에 해당하는 것이 '좋은 인간관계의 경험'이다.
'연료'에 해당하는 것이 '마음의 에너지'이다.
'운전 기술'에 해당하는 것이 '사회생활의 기술'이다.

나는 이 3가지를 '마음의 토대'라고 부른다. 토대 부분은 유아기에서 아동기에 이르는 동안에 잘 형성되어야 한다. 그래야 의욕, 자기실현, 동기, 따뜻한 마음, 배려 등 살아가는 데에 중요한 요소들이 제대로 발달할 수 있기 때문이다.

이에 대해서는 다음 장에서 자세히 설명하겠지만, 마음의 토대가 만들어지지 못해서 의욕이 생겨나지 못하는 경우야말로 가장 큰 문제가 아닌가 싶다.

부모의 강요가
아이를 망친다

아이에게 의욕이 없는 것처럼 보이는 경우에 그 원인은 앞에서 살펴본 것처럼 크게 4가지가 있다. 어떤가? 생각보다 적지 않은가?

그런데 우선 말씀드리고 싶은 것이 있다. "이런 문제만 해결되면 우리 애의 마음에 의욕 스위치가 켜지겠네요."라고 생각하면 안 된다는 것이다. 의욕이란 굉장히 섬세하고 유동적이고 아슬아슬한 것이다. 문제가 없는데도 의욕이 생겨나지 않을 수도 있고, 앞에서 말한 부정적인 조건 4가지를 다 갖추고 있는데도 필사적으로 부모를 기쁘게 해주려고 열심히 하는 아이도 실제로 있기 때문이다.

부모가 할 수 있는 가장 중요한 것은 바로 의욕 스위치를 스스로 누를 줄 아는 아이로 키우는 것이다. 그것은 스위치를 세게 누르더라도 부서지지 않는 마음의 토대를 만들어주는 것이며, 아이 스스로 스위치를 누르고 싶은 마음이 생기도록 환경을 만들어주는 것이다. 그리고 무엇보다도 아이가 스위치를 누르려는 것을 방해하지 않는 것이다.

다음 장에서는 의욕을 불러일으키는 데에 가장 중요한 '마음의 토대'를 어떻게 만들어야 하는지를 다루어 보려 한다.

제2장

끝까지 포기하지 않는 아이로 키우는 비결

꿈을 이룬 사람들의 공통점

장래의 꿈이 무엇이냐고 물으면, 초등학교 저학년 정도까지는 자기 꿈을 척척 잘도 말한다. K 리그 선수나 프로 야구 선수가 되겠다든지, 스케이트 선수가 되어 금메달을 따겠다든지, 우주비행사가 되겠다든지, 가수나 탤런트가 되겠다든지 화려한 직업들이 줄줄이 튀어나온다. 이 시기의 아이들은 "나는 뭐든지 될 수 있다."고 순수하게 믿는데, 이것을 만능감이라고 한다.

성장함에 따라 꿈의 양상도 달라진다. "축구를 잘해서 프로 선수가 되고 싶다."는 마음 한편으로 "아무리 생각해도 그건 무리지." 하는 생각이 들기 시작하는 것이다. 사춘기를 앞두고 '자기 자신이 뭐든지 할 수 있는 존재가 아니라는 것'을 받아들이기 시작하기 때문이다.

그런데 여기서 포기하는 아이와 포기하지 않는 아이로 나누어진다. 포기하지 않는 아이들은 확실히 목표를 정하고 꿈을 실현하고자 끊임없이 노력한다. 그리하여 정말로 K 리그 선수가 되는 꿈을 이루는 아이가 나올 수도 있을 것이다.

또 거기까지 가지는 못하더라도 중학교, 고등학교, 대학교까지 계속 축구선수로 뛰다가 축구잡지 기자가 되는 길을 선택하는 아이도 있을 수 있다. 마찬가지로 유명 탤런트가 되려고 노력하다가 텔레비전 방송국 일을 하기로 결심하는 아이도 있을 수 있다. 비록 나아가는 방향을 바꾸거나 수정하긴 했지만, 이런 아이들은 자신의 꿈을 이루었다고 할 수 있을 것이다.

어차피 순진하게 뭐든 이룰 수 있다는 믿음을 가질 수 없게 되어버렸다 하더라도, 자기 자신을 믿을 수 있다면 그 아이의 인생은 풍요롭게 펼쳐질 것이다. 꿈을 이룬 수많은 사람들을 보면 그렇다는 것을 알 수 있다. 그런 사람들은 모두 "나는 할 수 있다."고 강한 믿음을 갖고 있었다. 그래서 아이에게 '마음의 토대'를 잘 만들어주어야 하는 것이다.

0~3세 잘못된 양육 환경이 중학교 때 드러난다

예전에 아파트를 건설하면서 지진에 대비한 설계를 허술하게 하여 입주자를 속인 사건이 있었다. 널찍한 방, 화려한 인테리어, 멋진 외벽 등 겉모습은 훌륭했지만, 밖에서 보이지 않는 기초 공사가 날림으로 되어 있었다. 거기 살고 있는 사람들의 목숨이 위태로운 상황에 놓여 있다는 것을 아무도 모르고 있었던 것이다.

이 사건을 접했을 때 인간이나 아파트나 똑같다는 생각이 들었다. 유아기에 기초 부분이 튼튼하게 만들어지지 못한 아이는 외벽이나 인테리어를 꾸미기 시작하는 시기(사춘기나 청년기)가 되었을 때 그 부실함이 나타나는 경우가 있다. 비행, 폭력, 등교 거부를 비롯해서 의욕 없는 모습을 보이는 것도 그중 하나이다.

문제를 이런 시점에서 파악하면 좋은데, 미처 눈치를 채지 못하고 지나

가면 사태가 더욱 심각해진다. 아파트에 사람들이 입주해 살기 시작했을 때 비로소 그 토대가 통째로 흔들리는 경우가 생기기 때문이다.

그렇게 된 다음에는 다시 고치기가 힘들다. 날림 아파트처럼 해체해야 하는 경우도 있으니, 참으로 불행한 경우라 하겠다.

10살 전에 반드시
가르쳐야 할 것 3가지

마음의 토대는 인간이 자신감이나 자존감을 확실하게 가지고 적극적으로 살아가는 데에 꼭 필요한 것이다. 다음 페이지 그림은 마음의 토대가 3층 구조로 되어 있다는 것을 나타내고 있다.

토대의 제1단은 '좋은 인간관계 경험'이고, 제2단은 '마음의 에너지'이며, 제3단은 '사회생활 기술'이다. 각각의 의미는 나중에 자세히 설명하겠지만, 이 3가지는 제1장에서 말씀드린 바와 같이 의욕을 불러일으키는 최저 조건이기도 하다. 이런 것들이 착실하게 쌓여갈 때, 비로소 인간은 자신의 능력을 발휘해보고 싶다거나 세계를 무대로 활약해보고 싶다는 의욕을 품게 된다. 폭넓은 인간관계를 맺고 싶다는 생각을 품는 것도 마찬가지이다.

마음의 토대는 주로 유아기에서 아동기에 걸쳐 만들어지게 된다. 이것

우와~
흔들흔들
사회생활의 기술
마음의 에너지
좋은
인간관계 경험
반짝반짝
*자신감
*자존감
사회생활의 기술
마음의 에너지
좋은 인간관계 경험

이 확실히 잘 만들어졌는지를 되묻는 시기 그리고 그 실상이 눈에 보이기 시작하는 시기가 바로 사춘기이다. 지금까지 자라면서 결핍되어 있던 부분, 아이에게 부담이 되었던 부분이 이때 드러나기 시작하는 것이다.

이 책을 읽고 계신 독자 여러분의 아이가 이미 사춘기라면 마음의 토대가 만들어져 있는지 지금 한번 확인해 보시기 바란다. 그리고 만약 유아기나 아동기라면 마음의 토대가 하루하루 잘 만들어져 가고 있는지 돌이켜보시기 바란다. 거기에 도움이 될 수 있도록 지금부터 마음의 토대가 어떻게 만들어지는지를 자세히 설명해 보겠다.

① 좋은 인간관계를 충분히 경험한다

"사람들은 참 좋아." 하는 경험이 타인을 향한 신뢰감으로 이어진다

마음의 토대 가운데서도 가장 기본이 되는 것이 '좋은 인간관계 경험'이다.

"엄마는 따뜻하고 포근해. 날 보면 기쁜 듯이 웃어주시거든."

"아버지는 믿음직해. 무슨 일이 있어도 나를 반드시 지켜주실 거야."

"할아버지와 할머니는 나의 모든 것을 정말로 귀여워해 주시지."

"친구들과 노는 것이 즐거워. 오늘도 내일도 매일 매일 놀고 싶어."

이와 같이 "사람이 참 좋아." 하는 느낌이 쌓여 가는 것 자체가 '좋은 인간관계 경험'이다. 이것은 아이가 행복하게 크는 데에 굉장히 중요한 부분이다. 이보다 더 중요한 것은 없다고 할 수 있을 정도이다. 그렇기 때문에 부모 입장에 있는 사람들이 명심해야 할 것이 있다. 이렇게 중요한 '좋은 인간관계 경험'의 대부분을 책임져야 할 곳이 바로 가정이라는 사실이다.

그러면 아이는 언제 어떤 경우에 '좋은 인간관계'를 경험하는 것일까?

그것은 태어나서 지금까지 지내온 모든 일상생활에서라고 말할 수 있다. 울면 어머니가 기저귀를 갈아주셨던 것, 아버지가 두 팔로 번쩍 안아서 높이 들어올려 주셨던 것, 할아버지가 팽이치기를 가르쳐 주셨던 것, 할머니가 스웨터를 짜주셨던 것, 유치원 선생님이 칭찬해 주셨던 것 등등, "아이, 즐거워!" 또는 "아, 아늑해." 하고 느꼈던 경험이 모두 '좋은 인간관계 경험'인 것이다.

특별히 의식적으로 해주는 것들이 아니기 때문에 아이에 따라서 '경험의 총량'이 크게 다를 수 있다.

아이가 인간의 좋은 점을 매일 실감하며 자라면 사람을 믿는 순수함도 함께 생겨난다. 그래서 얼굴도 모르는 사람이 무슨 말을 하며 다가와도 순수하게 대응한다. 자연스럽게 풍겨 나오는 이 귀엽고 천진스러운 모습 때문에 아이는 더욱 주변 사람들에게 귀여움을 받게 된다. 이렇게 해서 결과적으로 아이는 더욱더 '좋은 인간관계 경험'을 많이 하게 되고, 좋은 인간관계 속에서 자라게 되는 것이다.

'좋은 인간관계 경험'이 부족한 경우에 나타나는 결과

불행하게도 '좋은 인간관계 경험'을 별로 하지 못하는 아이들도 있다. 전형적인 예가 학대 받으며 자라는 아이들이다. 아직 주위 사람들한테 보호를 받으며 살아야 할 시기에 폭력과 무시를 당하고 방임된 상태로 자라고 있는 것이다. 이 아이들은 인간의 좋은 점은커녕 인간의 공포와 추악함만을 경험하며 성장하게 된다.

이런 경우에 사태가 훨씬 심각해진다. 마음의 토대에서 가장 기초가 되는 부분이 흔들리고 있기 때문이다. 만약 그 부분이 해결되지 못한 상태로 성장하면 인격장애와 같은 형태로 문제가 표면화되기도 한다.

2001년에 오사카 어느 초등학교에 괴한이 난입해 어린이 8명의 목숨을 앗아간 사건이 있었다. 극단적인 경우이긴 하지만 그 범인을 예로 들수가 있다. 범인은 '좋은 인간관계 경험'을 하지 못한 아이였다. 폭력적인 아버지 밑에서 어린 시절을 보냈고, 아이를 지켜주어야 할 어머니는 정서불안에 우울증이 있었다고 한다. 그리고 사건이 일어나기 몇 년 전에는 하나밖에 없는 형마저 자살해버렸다고 한다.

범인은 사람의 좋은 점을 경험할 기회가 없었을 것이다. 두려움이나 고립무원의 외로움만을 맛보며 성장했을 것이다. 배운 것이라고는 사람을 믿지 않는 것과 배신하는 것, 어처구니없는 문제를 일으켜서 사람들의 시선을 끌어 모으는 것이었는지도 모른다. 자신의 목숨도 소중히 생각할 줄 모르고 커 왔을 테니, 그런 입장에서는 남의 목숨이 얼마나 귀중한지를 생각한다는 것이 불가능했을 것이다.

아이가 하는 짓이 귀엽지 않다는 것은 중요한 신호다

그 정도로 학대하지는 않는다고 해도 가정이 가정으로서 건전한 기능을 하지 못할 때가 있다. 그럴 때 아이가 귀여운 모습을 잃어버리는 경우가 적지 않다.

사람에게 마음을 열지 않는 아이, 항상 자신이 피해자인 양 행동하는 아이, 배려나 호의를 받아들일 줄 모르는 아이, 친구들하고 문제를 일으키는 아이, 아무렇지도 않게 남을 곤란한 지경에 빠트리는 아이 등이 그런 경우다. 이와 같이 아이가 귀엽지 않은 태도를 보이거나 곤란한 행동을 한다면, 그런 행동이 무엇인가를 알리는 신호일 가능성이 있다.

만약 자기 아이가 하는 짓이 귀엽지 않거나 주변 사람들이 예뻐하지 않는다고 느꼈다면, 혹시 아이에게 '좋은 인간관계 경험'이 부족한 게 아닌지 생각해볼 필요가 있다. 자신이 아이를 따뜻하게 대하고 있는지 혹시 방임하고 있는 것은 아닌지 점검해보아야 하는 것이다. 아이와 따뜻하게 교류하는 시간을 늘리고 어머니가 자기를 사랑하고 있다는 것을 느끼게 해줄 때, 아이는 곧 천진스러운 웃음을 되찾을 것이다.

다시 한 번 강조하지만, 무엇보다 아이는 '인간의 좋은 점'을 경험하는 것이 중요하다. 그 부분이 충족되지 않으면 그 후에 아무리 좋은 교육을 시켜도 아이의 마음속 깊이 흡수되지 않는다.

② 마음의 에너지를 충전시킨다

마음은 있는데 몸이 움직여지지 않는 아이에게 필요한 것 3가지

의욕의 근원이 되는 것은 바로 '마음의 에너지'이다. 자동차가 연료 없이 달릴 수 없는 것처럼, 인간 역시 에너지가 없으면 목표를 향해 달려 갈 수 없다. 이것이 '좋은 인간관계 경험' 다음에 오는 마음의 토대 두 번째 층이다.

의욕적으로 뭔가 해야 한다는 것을 알고는 있는데, 마음먹은 대로 행동에 옮기지 못하는 아이가 있다. 이런 아이의 경우는 몸과 마음의 에너지 양을 확인해 볼 필요가 있다. 둘 중 어느 한쪽이라도 부족하면 안 되기 때문이다.

우선 몸의 에너지를 축적하는 데에 필요한 것은 건강이다. 건강을 지키려면 규칙적인 생활 리듬을 유지하고, 영양소가 골고루 들어 있는 식사를 하며, 감기에 걸리지 않도록 양치질과 손 씻기를 철저히 해야 한다. "그런 것까지?"라고 생각할지도 모르겠으나 이것이 기본이다.

다음은 마음이다. 마음의 에너지를 충전하려면 다음의 3가지 요소가 필요하다.

❶ 안정감

❷ 즐거운 경험

❸ 인정받는 경험

이 3가지가 균형 있게 주어질 때 긍정적인 기분이 싹튼다. "그래, 열심히 공부해보자." 또는 "이번 시험은 꼭 잘 볼 거야!", "나중에 이런 대학에 들어가고 싶다." 하는 마음 말이다.

❶ 안정감 _ 가정의 따뜻함이 안정감의 모든 것

아이에게 마음의 에너지가 충전되려면 가정이 안전한 기지 역할을 해야
한다. 가족이 서로 으르렁거리고 싸움만 해댄다면 아이의 마음속에 활기
나 의욕이 자리 잡을 여지가 없어진다. 가정에서 느끼는 불안함 때문에
마음의 에너지를 빼앗기는 경우도 많다.

또한 자기가 충분히 사랑받고 있다고 느끼는 것도 중요하다. 아이에게
주는 사랑은 아이의 마음에 엄청난 에너지가 된다. 자기가 외톨이가 아니
라 부모나 가족과 튼튼하게 이어져 있다는 것을 느낄 때, 아이는 비록 학
교 같은 데서 따돌림을 당하더라도 순수한 마음을 잃지 않는다.

부모는 때때로 아이가 나이와 상관없이 응석을 부릴 수 있게 해주어야
한다. 그리하여 가족들과 있을 때 얼마나 편안한지 그리고 부모가 자기
기분을 알아준다는 것을 느끼게 해 주어야 한다. 이미 응석 부릴 나이가
지났다 하더라도 그것이 '안정감'의 기본이기 때문이다.

아이가 응석을 부릴 때는 나이에 상관없이 응석을 받아 주자. 그리고
잔뜩 신경이 예민해져 있을 때는 다정하게 보듬어주자. 마음속 깊이 불쾌
한 감정이 쌓여 있을 때 아이는 가정에서 그것을 풀고 싶어한다. 그 마음
을 알아주고 안정감을 느끼도록 도와주어야 하는 것이다.

어른이고 아이고 즐거운 일이 있으면 마음이 설레는 법이다. 즐거운 일이라고 하면 어른들은 금방 해외여행이라든지 골프라든지 고급 호텔의 만찬 같은 이벤트를 떠올린다. 그러나 어린아이들은 오히려 그런 특별한 장소에 갔을 때 더 쉽게 지치는 경우가 많다. 그런 것 말고 아이의 마음에 에너지를 보급해주는 것은 따로 있다. 가까운 공원에서 아버지와 놀았다거나 어머니와 간식을 만들었다거나 유치원에서 소풍을 갔다거나 하는 경험들이다.

오랫동안 아이들과 상담을 해오면서 아이들이 뜻밖에도 진정한 즐거움을 원하고 있다는 사실을 알게 되었다. 아이들에게 게임처럼 순간적인 즐거움을 좋아하는 면이 있는 것은 사실이다. 그러나 아이들은 자신의 성장으로 이어지는 긍정적인 경험을 즐기는 능력도 충분히 갖추고 있다.

그중 하나가 '플러스 변신'이라고 하는 것이다. 예컨대 아이가 자전거를 탈 수 있게 되었다거나 줄넘기에 성공했다고 하자. 이때, 이제 자전거를 탈 수 있게 되었으니 앞으로 그만 타야겠다고 생각하는 아이는 없다. 오히려 아이는 자전거를 더 잘 타고 싶어한다. 그리고 줄넘기도 더 잘하고 싶어한다. 이처럼 사람은 전에는 못했던 것을 할 수 있게 되고 몰랐던 것을 알게 되며, 나아가 더 잘하게 되고 더 잘 알게 된다. 이와 같이 플러스 방향으로 발전하는 것이 '플러스 변신'이다.

사람은 플러스 변신을 했을 때 한꺼번에 마음의 에너지가 솟아오르도록 만들어져 있다. 예컨대 아이가 운동장에서 철봉 거꾸로 오르기를 연습하다가 드디어 성공했다고 하자. 그때 부모가 옆에서 같이 기뻐해 주었다고 하자. 이것이 바로 아이의 마음속에서 의욕이 솟아나는 즐거운 경험이 되는 것이다.

또한 '감동 체험'도 의욕을 불러일으키는 즐거운 경험이다. 나는 지금도 초등학교 1학년 때 운동회에 처음 참가했던 감동을 기억하고 있다. 6학년 남학생들의 기마전이 마치 전투 영화의 한 장면처럼 멋지게 펼쳐졌는데, 그것을 바라보며 온몸이 떨릴 정도의 감동을 느꼈다. 동시에 "아, 내가 초등학생이 되었구나!" 하는 생각이 들었고, 내 안에서 강한 힘이 솟아오르는 것을 느꼈다. 나는 이 감동 체험을 통해서 유아 단계에서 벗어나 소년이 되었던 것이다.

감동은 누군가와 공유함으로써 더욱 풍성해진다. 좋아하는 가수의 CD를 친구에게 빌려주거나 가족들과 함께 텔레비전을 보고 싶어하는 것도 감동을 함께 나누고자 하기 때문이다.

❸ 인정받는 경험 _ 마음에 동그라미를 쳐준다

그리고 또 하나, 아이는 인정받음으로써 마음에 에너지가 가득 차게 된다. 인정해준다는 것은 응석을 받아주거나 치켜세워 주는 것과 다르다. 아이의 마음에 동그라미를 쳐주는 것을 말한다.

부모는 흔히 아이가 뭔가를 잘했을 때 칭찬해 주겠다고 생각하는 경향이 있다. 그러나 그것은 조건부 칭찬으로서, 뒤집어보면 뭔가를 잘 못하면 칭찬해주지 않겠다는 말이 된다. 그러나 아이는 그냥 있는 것 자체만으로도 부모를 기쁘게 해주는 존재이다. 그런 감정을 "아이, 예뻐라.", "참 잘했네."라는 말로 표현해 아이 마음에 동그라미를 쳐줄 때, 아이는 자신감을 가질 수 있게 되는 것이다. 사람은 누군가 자기에게 동그라미를 쳐주면 그 동그라미를 소중하게 여기기 마련이다. 이것은 아이나 어른이나 마찬가지일 것이다.

잘하던 아이가 고학년이 되면서 성적이 떨어지는 이유

마음의 에너지가 부족해지면 어떻게 될까? 그럴 때 아이는 쉽게 짜증을 내거나 난폭해지거나 무기력해진다. 공부에 대해 이야기할 상태가 아니기 때문에 학교생활이나 학습에 의욕을 나타낼 수가 없다. 성적도 뚝뚝 떨어질 것이다.

그런 상태가 되면 "마음의 에너지가 부족해!"라는 신호라는 것을 알아차려야 한다. 그런 상태가 오래 지속되면 그저 활기나 의욕이 없어지는 데 그치는 것이 아니라 몸과 마음에 병이 생기는 수도 있다.

이때 주의해야 할 것이 있다. 용돈을 주거나 뭔가 물건을 사주는 것이 '아이에게 감동이나 즐거움을 주는 일'이 아니라는 사실이다. 예전에 한 해 여름에 2000만 원을 썼다는 어떤 남자 고등학생의 어머니가 상담을 하러 온 적이 있었다. 그 어머니의 얼굴은 멍투성이였다. 돈을 주지 않으면 폭력을 휘두른다는 것이었다.

아이 방에는 장난감 가게 창고처럼 별별 것이 다 있었다. 뜯지도 않은 채 놔둔 물건도 적지 않았다. 그 아이가 정말로 원하는 것은 물건이 아니었다는 것을 알 수 있었다. 아이가 바라는 것은 바로 자기를 향한 부모의 사랑이었던 것이다.

아이가 부모에게 용돈이나 어떤 물건을 집요하게 조른다면, 그것은 마음의 에너지가 고갈되어 있는 상태라는 뜻이다. 부모는 그것이 아이가 보내는 중요한 SOS 신호라는 것을 깨달아야 한다.

③ 사회생활에 필요한 기술을 배우고 익힌다
어른이 되기 전에 배워야 할 '기술'이 있다

마음의 토대 세 번째 층은 사회생활의 기술이다. 이것은 사람과 사람이 서로 관계를 맺으며 살아가는 데에 유용한 테크닉 같은 것이라고 생각하면 된다.

마음의 에너지가 자동차를 움직이는 연료라고 한다면, 사회생활의 기술은 운전하는 기술에 해당한다. 아무리 성능이 좋은 자동차에 연료를 가득 채웠다 해도 운전을 할 줄 모른다면 달릴 수도 없거니와 달린다 해도 사고로 이어질 것이다.

인간도 마찬가지이다. 가지고 있는 능력을 모두 잘 발휘하면서 살아가려면 사회생활의 기술을 잘 배워 익혀야 한다. 그러면 구체적으로 어떤 기술이 필요한 것일까? 다음에 나오는 그림은 사회생활을 원활하게 하는 데에 필요한 기술을 6가지로 나누어 놓은 것이다.

우리 주변에는 느낌이 좋다거나 마음이 곱고 상냥하다거나 현명하다

1 자기 자신의 기분이나 마음을 잘 전달하는 기술

2 자기 자신을 통제하는 기술

도서관
여기서는 입에 지퍼를 달자.
떠들고 싶지만 말이야.
지익
참자.

4 문제를 해결하는 기술

○○공원도 좋지 않아?
△△점에 가자.
수학여행계획
자, 그럼 이렇게 하자.

5 사람들과 잘 지내는 기술

6 남을 배려해 주는 기술

는 말을 듣는 사람들이 있다. 이런 사람들을 보면 의식적으로든 무의식적으로든 이런 기술을 잘 구사하고 있다는 것을 알 수 있다. 이것은 어른들에게만 해당하는 이야기가 아니다. 초등학생은 초등학생 나름대로, 중학생은 중학생 나름대로 배워야 할 기술이 있는 것이다. 유아의 경우도 마찬가지이다.

하지만 이런 것은 한꺼번에 다 가르칠 수 있는 것이 아니다. 필요한 것부터 천천히 긴 시간을 두고 가르쳐야 하는 것이다. 이때 중요한 것은 이런 기술을 아이에게 잘 가르쳐야겠다고 마음먹는 부모의 자세이다.

이런 기술은 사실 옛날에는 가만히 내버려두어도 언젠가는 저절로 알게 되는 것들이었다. 가정이나 지역사회에 보이지 않는 교육의 힘이 있어서, 아이들이 어른들을 보면서 자연스레 배워갔던 것이다. 그러나 지금은 많이 달라졌다. 부모가 잘 의식하고 있지 않으면 아이는 그런 기술을 배우지 못한 채 성장한다. 그러고는 사회에 나온 다음에 곤란을 겪거나 좌절에 빠지고 마는 경우도 적지 않다.

사회적 능력을 길러 주는 방법

매일 아이의 모습을 잘 지켜보자. 혹시 아이가 사회적 기술을 갖추지 못했다는 생각이 들더라도, 아직 늦지 않았다. 하나하나 천천히 시간을 들여서 가르치면 된다. 초조해하지 말고 화를 내지도 말고 느긋하게 하는 것, 그것이 요령이다.

❶ 자기 자신의 기분이나 마음을 잘 전달하는 기술 _ 자기 표현력을 길러준다

요즘 아이들은 언어 문제가 심각하다. '병신'이라든지 '죽는다' 같이 사람에게 상처가 되는 말을 아무렇지도 않게 한다. 또 난폭한 언어를 구사하는 경우도 자주 접할 수 있다. 반면에 진지하게 이야기해야 할 때 딴소리를 하거나 일방적으로 자기 이야기를 늘어놓아 대화가 어긋나기도 한다. 또 말로 하기보다 손이 먼저 나가거나, 자기 생각이나 느낌을 언어로 표현하는 것이 영 서투른 아이들도 적지 않다.

초등학교 고학년이나 중학생이 되면 더 높은 수준의 언어 능력이 필요하게 된다. 복잡한 이야기를 예의바르게 설명하는 능력, 자기 기분을 남에게 전달하는 능력, 여러 사람과 함께 어떤 주제를 놓고 대화하는 능력, 남의 이야기에 귀를 기울이는 능력 등등. 이런 능력이 모자라면 공부나 학급활동을 하는 데에 지장이 생기며, 좋은 인간관계를 만들어 나가기가 어려워진다.

요즘에는 따돌림이나 등교 거부, 교실 붕괴, 학교 폭력과 같은 문제들이 대두되고 있다. 어쩌면 아이들이 나이에 맞는 적절한 의사소통 능력을 갖추지 못했다는 점이 그 배경에 깔려 있는지도 모른다.

언어 능력을 잘 기르려면 좋은 '모델'과 '인간관계'가 필요하다. 어른들이 아이들에게 좋은 모델이 될 수 있도록 좋은 언어를 구사하고 있는지 한번 점검해 보아야 할 것이다. 그저 사용하는 말만 살펴보라는 뜻이 아니다. 아이가 말을 걸어올 때 하던 일을 멈추고 잘 들어주는 것, 아이의 부탁을 바로 들어줄 수 없다면 "지금은 할 수 없지만 언제가 되면 해줄게.

그래도 될까?" 하고 미안하다는 뜻을 전하는 것, 어머니 자신의 생각을 언어를 잘 선택해서 전하는 것 등을 모두 포함하는 것이다.

그리고 또 하나 중요한 것이 인간관계이다. 주변 사람들이 소중히 여겨주고 따뜻하게 지켜 주고 마음의 에너지를 듬뿍 쏟아주면 아이는 그와 똑같이 남에게 에너지를 나누어주는 언어를 사용할 것이다.

❷ 자기 자신을 통제하는 기술 _ 칭찬의 말이 힘이 된다

옛날 사람들은 우리보다 참을성이 참 많았던 것 같다. 참는 법을 잘 배워서 참을성이 많았던 게 아니라 참을 수밖에 없는 상황이 너무나 많아서 자신도 모르는 사이에 자기 통제력이 생겼기 때문일 것이다.

그러나 이제는 여러 가지로 풍족해져서 그렇게 참지 않아도 되는 사회가 되었다. 한편으로는 그래서 더욱더 안 참게 된 것은 아닌가 싶기도 하다. 원하는 것을 얻지 못했을 때의 욕구 불만도 그만큼 더 커지게 되었는지도 모르겠다.

아이에게 기다리는 힘, 참는 힘, 견디는 힘이라는 자기 통제력을 길러주려면 어떻게 해야 할까? 무조건 참으라고만 하면 아이에게는 '참는다는 것 = 괴로운 경험'의 상태로 입력된다. 그리고 이것은 나쁜 기억이기 때문에 곧 잊어버리려는 경향을 나타내게 된다.

나는 칭찬의 말에 메시지를 실어서 전달하는 방법을 제안하고 싶다. 비록 작은 일이라 해도 아이가 나름대로 스스로 통제하는 모습을 보였다면 "아주 잘 참았구나." 또는 "꾸준히 잘했네." 하며 그때그때 칭찬해주는 것이다. 아이는 칭찬받는 기쁨에 "다음에 또 그렇게 해야지" 하는 마음을 먹게 될 것이다.

❸ 상황을 바르게 판단하는 기술 _ 다양한 경험을 통해서 얻어진다

분위기 파악을 못하거나 사람들 사이를 겉도는 사람들이 있다. 이런 사람들은 인간관계에 문제가 생겨도 잘 풀지 못하고 쉽게 걸려 넘어진다. 또 다음에 어떤 상황이 이어질지 미래를 예측하지 못하는 사람들도 있다. 이런 경우에는 대부분 그때그때 형편에 따라 행동해버리고 나중에 후회를 한다.

언젠가 중학생을 포함한 아이들 몇이 장난삼아 노숙자를 폭행하여 죽음에 이르게 한 사건이 있었다. 아이들 하나하나를 놓고 보면 결코 살인을 저지를 아이들이 아니었다. "이대로 가다가는 죽을지도 모른다."고 하는 예측이 불가능했기 때문에 그런 사태가 발생한 것이다.

이와 같은 일이 일어나지 않도록 상황을 판단하는 힘을 길러주려면 어떻게 해야 할까? 실패를 두려워하지 말고 아이에게 다양한 경험을 하게 해주어야 한다. 나이에 맞게 집안일을 분담시키거나 여행 계획을 세우게 하는 등 아이가 스스로 생각할 수 있는 상황을 가능한 한 많이 만들어주는 것이다.

물론 실패하는 경우도 당연히 있을 것이다. 이때는 야단을 칠 일이 아니다. 오히려 이렇게 하면 잘 되었을 거라고 차분히 가르쳐주는 기회로 삼으면 된다.

무엇인가 문제가 생겼을 때 자기 힘으로 해결해보려고 노력하는 아이로 키우려면 아이에게 문제 해결 능력을 길러주어야 한다.

이때 중요한 것이 바로 '대신 해주지 않는 것'이다. 아이가 뭔가를 하려고 할 때 처음부터 끝까지 지시를 하는 부모가 있는데, 그렇게 해서는 문제 해결 능력을 기를 수 없다. 아이가 자기 힘만으로 할 수 있을 때까지 부모는 기다려야 한다.

물론 문제가 생겼을 때 어떻게 하면 좋을지 아이가 모르는 경우가 있다. 이럴 때는 "무슨 일이 일어났어?" 또는 "어떻게 하면 좋을 것 같니?", "지혜를 모아서 잘 생각해보렴." 하고 밀어주면 된다. 그리고 스스로 해결하거나 잘 대처했을 때는 아낌없이 칭찬해준다.

타인과 좋은 관계를 맺지 못하면 아이가 갖고 있는 능력을 발휘할 수 있는 기회도 그만큼 줄어든다. 동시에 남에게 인정받거나 칭찬받는 기회도 갖기 힘들어진다.

심각한 경우에는 '문제가 발생한다 ➡ 선생님에게 야단을 맞거나 친구들과 어울리지 못한다 ➡ 자아상에 부정적 영향을 받는다 ➡ 자포자기한다 ➡ 더 심한 문제가 발생한다'와 같은 악순환에 빠져버릴 수도 있다.

어떻게 하면 아이에게 사람들과 잘 지내는 기술을 가르칠 수 있을까? 하나는 부모가 모델이 되는 것이다. 상냥한 목소리로 상대방을 부르는 것, 따뜻한 표정과 어조로 이야기하는 것, 상대방 이야기에 귀를 기울여주는 것, 고마운 마음을 말로 나타내는 것, 솔직하게 사과하는 것 등을 부모가 솔선해서 실행하는 것이다.

또 하나는 연습을 통해서 가르치는 방법이다. 예컨대 '상대방 칭찬하기'라는 주제를 정하고, 좋은 점 찾기를 해본다. 친구의 좋은 점을 찾아내서 칭찬하고 감탄하는 연습을 하는 것이다. 처음에는 작위적인 느낌이 들 것이다. 그러나 상대방이 기뻐하는 모습을 보다 보면 어느새 자기 마음속에서 칭찬의 말이 나오고 있을 것이다.

❻ 남을 배려하는 기술 _ 아이를 충분히 배려해준다

남을 배려할 줄 모르는 아이들이 있다. 이런 아이들은 다른 사람이 자신을 배려해주는 경험을 하는 것이 무엇보다 필요하다. 우선 부모나 선생님이 그 아이를 넘치도록 배려해주는 것에서 출발할 수 있을 것이다. 다른 사람이 자신을 배려해줄 때 느끼는 기분 좋은 안정감과 기쁨을 경험하게 해주는 것이다. 이때 비로소 아이는 남을 배려해주는 것이 얼마나 중요한 일인지를 처음으로 알게 될 것이다. 이처럼 배려를 받으며 자란 아이가 배려할 줄 아는 아이로 큰다는 사실을 기억하자.

중학교에 가서
성적이 뒤바뀌는 이유

이렇게 해서 마음의 토대가 완성된다. 마음의 토대는 유아기에서 아동기에 걸쳐 만들어지는데, 아파트 기초공사와 마찬가지로 어떻게 공사가 되어 있는지 밖에서는 보이지 않는다.

마음의 토대가 완성되지 않은 상태로 중학생, 고등학생이 된 아이들은 학교생활을 어떻게 하고 있을까?

예컨대 따돌림을 받고 있던 중학교 1학년 여학생의 경우를 보자. 이 아이는 아주 얌전하고, 눈에도 잘 안 띄며, 놀림을 당해도 아무 대꾸도 못하는 아이였다. 이 아이의 심리적인 면을 들여다보았더니 마음의 에너지가 심각하게 낮아져 있는 상태라는 사실이 드러났다.

또 비행 청소년 집단에 들어간 중학교 2학년 남자아이가 있었다. 이 아이는 붙임성은 있으나 성격이 변덕스러운 데가 있어서 주위 사람들과 어울리지 못하고 겉도는 경향이 있었다. 그러다가 자기도 모르는 사이에 비행 청소년이 되어 있었다. 이 아이는 '사회생활의 기술' 부분이 취약한 상태였다. 그래서 자기감정을 통제하거나 상황을 판단하는 능력이 부족했다.

고등학교 2학년인 한 남학생은 굉장히 학교 성적이 좋았다. 그러나 시험 결과에 지나치게 집착한 나머지 등교 거부로 이어지고 말았다. 이 아이는 '사회생활의 기술'은 아주 뛰어났지만 마음의 에너지가 부족했다. 너무나 열심히 하다가 그만 힘에 부쳐서 넘어진 것인지도 모르겠다.

마음의 토대가 미완성 상태라 하더라도 아이에 따라서 드러나는 양상은 각각 다르다. 마음의 에너지가 부족한 아이가 있는가 하면, 사회생활의 기술을 익히지 못한 아이도 있고, 좋은 인간관계 경험이 부족한 아이도 있기 때문이다.

잠깐, 공부하라고 다그치기 전에
점검해야 할 것들

아이가 이런 처지에 있는데도 "도대체 할 생각을 안 하니까 그렇지." 하며 야단만 치는 부모가 있다. 이럴 때 아이로서는 더 갈 데가 없는 구석으로 몰리게 된다. 최악으로 치닫게 되는 것이다.

아이에게 의욕이 있는지 없는지 의문스러울 때는 마음의 토대를 점검해보자. 혹시 뭔가가 부족한지도 모르겠다는 생각이 들면, 그 부분을 회복시키면 되는 것이다. 너무 늦은 때는 없다.

가정이 안정감을 주는 곳인지, 부모가 즐거움을 주고 있는지, 아이 마음에 동그라미를 쳐 주고 있는지, 다양한 각도에서 점검해보기를 권한다.

만약 아이가 유아기 또는 초등학교 저학년이라면 너무 일찍부터 이것저것 하라고 요구하지 말아야 한다. 특히 아이가 뭐든 잘할 수 있도록 자신감을 길러주자는 생각에 빠져 있는 어머니들이 많다. 그래서 특기를 가르치거나 학원 같은 데 무리하게 보내는 등 아이를 억압하는 쪽으로 몰고 가는 경우도 적지 않다.

지금 아이들이 공부나 운동 같은 것을 열심히 하고 있는 것은 어쩌면 "엄마가 시키니까." 또는 "부모님이 좋아하시니까." 하고 있는 데 지나지 않을지도 모른다.

하지만 '혼날까 봐' 하는 공부는 토대가 취약한 탓에 사춘기라는 바람 앞에서 무너지고 만다. 자신이 좋아하는 게 뭔지 생각할 겨를도 없이 부모가 시키는 대로, 부모가 바라는 대로만 아동기를 보낸 아이들은 결국 심각한 무기력증에 빠지게 된다. 이때라도 부모가 얼른 상태를 자각하고 현명하게 대처하면 치유가 될 수 있다. 하지만 그만큼 시간이 많이 들고, 아이도 부모도 힘이 많이 든다.

지금 아이를 다시 바라보자. 수영도 더 열심히 하면 좋겠고, 수학 선행 학습도 더 빨리빨리 해주었으면 하고 아이를 다그치고 있는가. 그게 다가 아니다. 아니, 거기서 잠시 멈춰 서야 한다.

부모가 바라는 방향으로는 아닐지 몰라도 아이들은 다양한 면에서 의욕과 의지를 갖고 있다. 그것을 시간 낭비라고 무시하지 않는 것, 그것이 아이가 어렸을 때 의욕과 자신감의 싹을 키워주는 비결인 것이다.

제3장

먼저 부모의 생각이 바뀌어야 한다

'이게 다 널 위해서야'라는 말 속에
숨겨진 진짜 마음

오랫동안 상담 현장에 있다 보면, 부모가 아이에게 공부를 시키려는 생각만 한 나머지 마음의 토대를 만들어주지 못한 경우를 많이 접하게 된다.

그럴 때마다 아이에게 공부를 시키려고 하는 의미가 무엇일까 하는 생각을 하게 된다. 아마도 모든 부모가 자기 아이가 행복하기를 바라고, 사회에 나가서 멋지게 성공하기를 바라고, 또 더 많은 가능성이 있는 미래가 펼쳐지기를 바랄 것이다.

그러나 아이가 성장하는 과정에서 부모가 반드시 해야 할 일이 있다. 때때로 가던 길을 잠시 멈추고 서서 자신이 정말로 바라는 것이 무엇인지 생각해 볼 줄 알아야 한다. 그리고 '우리 아이의 행복'이라는 아름다운 말의 이면에 혹시 부모 자신의 해결되지 않은 감정이 뒤섞여 있는 것은 아닌지 질문을 던져 봐야 한다.

혹시 자기 인생을 돌아다보았을 때 만족스럽지 못한 길을 선택했다고 생각하고 있는 것은 아닌가? 학력 때문에 속상해하고 있지는 않은가? 아니면 남편(또는 아내)을 향한 불만이나 실망의 바탕에 학력 문제가 숨어 있는 것은 아닌가?

수많은 사람들이 자기 안에 이런 마음이 있다는 것을 모르고 살아간다. 그래서 그런 미해결 과제를 안은 상태로 아이들과 부딪치게 되는 것이다. 그리하여 마치 진리를 설파하는 사람처럼 "다 너를 위해서야." 또는 "그렇게 안 하면 고생해." 하면서 아이들을 닦달하는 것이다.

그런 말이 부모 자신의 미해결 과제에서 비롯된 것인 한, 아이들에게는 전달되지 않는다. 아이들은 그런 말 속에 숨어 있는 거짓말이나 속임수를 금방 알아차린다. 그 말이 아이 자신을 위해서 하는 말이 아니라는 것을 말이다.

어렸을 때는 그래도 어머니가 그렇게 말씀하셨으니 정말 그럴지도 모른다고 받아들이고 노력한다. 그러나 사춘기에 접어들 무렵부터는 아이도 자기 생각을 갖기 시작한다. 객관적으로 파악하는 능력이 생기고, 부모가 가려 놓은 필터를 벗기고 주위를 볼 수 있는 힘도 갖추게 된다. 그리고 그때 "엄마가 말씀하신 것이 과연 정말일까?" 하는 물음표가 마음 한가운데에 떠오르게 되는 것이다.

이 시점에서, 잠깐 멈추어 서서 사태를 잘 생각해보는 부모와 그렇게 하지 않는 부모가 있다. 미해결 감정을 정리하고 자기 아이의 모습을 있는 그대로 인정해주는 부모와, 눈길을 피해 버리는 부모. 아이의 인생은 어쩌면 거기에서 크게 달라지는지도 모른다.

엄격한 엄마의
높은 기대가 가장 위험하다

이와 같은 생각이 강하게 들게 된 계기가 있다. 2008년 6월에 일어난 아키하바라 무차별 살상 사건이다. '차 없는 날'을 실시하고 있어서 보행자로 붐비고 있던 아키하바라 도로를 범인이 2톤짜리 트럭을 몰고 질주한 후 칼을 휘둘러 7명이 목숨을 잃고 10명이 부상을 당하는 사건이 있었다. 이 사건의 현행범으로 체포된 범인에 대해 많은 사람들이 다양한 의견을 내놓고 있다. 그러나 이 글을 쓰고 있는 현재까지도 아직 정확히 알 수 없는 부분들이 많이 남아 있다. 실제로 재판이 어떻게 진행되는지와 상관없이 그 진실은 알 수 없을지도 모른다. 비록 그렇다고 하더라도 이 사건에서 느낀 바를 이야기해 두고 싶다.

특히 인상적이었던 것은, 이 사건 후에 범인의 행동이나 말이 사람들에게 모종의 공감 같은 것을 불러일으켰다는 사실이다. 이 사건을 놓고 마치 범인이 '희생자'인 것처럼 느끼는 사람들이 있었고, 그에 공감하는 사람들 또한 자기 자신을 '희생자'라고 느끼고 있었다는 것이다.

여기에는 양극화 사회의 희생자, 고용 불안정에 따른 희생자, 인터넷 사회의 먹이가 되어 버린 희생자 등등 보는 각도에 따라 다양한 의견이 있었다. 그 가운데 부모의 일방적인 요구 사항에 짓밟힌 희생자라는 시각도 분명히 있었다.

범인의 남동생이 쓴 수기를 읽어 보면, 범인이 어렸을 때부터 어머니가 엄격하게 교육시켰다는 것을 짐작할 수 있다. 예컨대 텔레비전은 정해진 프로그램 외에는 볼 수 없었으며, 게임도 토요일에 1시간만 허용되었다고 한다. 그중에 범인이 중학생일 때 있었던 일 하나가 강한 인상을 주었다. 무슨 일이 있었는지 모르겠지만 식사 도중에 어머니가 크게 화를 냈다고 한다. 그리고 복도 쪽에 신문지를 깔고는 거기에 밥과 국을 팽개치듯 갖다 놓고 "거기서 먹어!"라고 했다는 것이다. 형이 울면서 밥을 먹었다고 동생은 수기에 적고 있다.

본래 식사란 몸에 필요한 영양소를 섭취하는 일이다. 하지만 그것이 전부가 아니다. '밥상머리 교육'이라는 말이 있듯이 식사하는 장소는 마음의 영양소를 얻는 장소여야 한다. 그러나 범인의 집에서는 식사를 제각각 하는 듯했고, 마음의 에너지가 보급되기는커녕 빼앗기는 장소였던 것 같다는 느낌이 강하게 들었다.

어머니는 범인의 학업에 커다란 기대를 하고 있었던 것 같다. 그 기대에 부응하려는 듯 범인은 학교 성적이 항상 상위권을 유지했으며, 지역에서 세 손가락 안에 드는 고등학교에 들어갔다. 그러나 우수한 학생들만 모여 있는 고등학교에서 범인의 성적은 그리 두드러지지 못했다. 그러자 자신을 향하고 있던 부모의 애정과 기대가 동생에게 넘어가 버렸다. 이때 범인이 어떤 좌절감을 느꼈을지 충분히 짐작할 수 있을 것 같다.

그 후 범인의 인생은 화려함에서 점점 멀어졌다. 다시 제자리로 돌아가 보려고 나름대로 애썼지만 쉽지 않았다. 처음부터 다시 시작하고 싶은 간절한 소망이 있었으나 생각처럼 되지 않았던 것이다.

나를 다시 일으켜 세워준 어머니의 한마디 "학교 관둬도 괜찮다."

물론 아무리 이와 같은 상황에 놓여 있다고 해도 씩씩하게 다시 일어서는 사람도 많다. 또 자기가 바라는 환경이 아니라고 해도 나름대로 의미를 느끼면서 살아가는 사람도 많다. 그러나 범인은 그렇게 하지 못했다. 틀림없이 마음의 토대가 만들어져 있지 않았을 것이고, 마음의 에너지가 고갈되어 있었을 것이다. 그리하여 그런 사건을 일으키기에 이른 것이다.

범인이 살아온 날들을 조사하는 동안, 나 자신 안에 뭔가 슬쩍 스쳐 지나가는 것이 있었다. 나도 똑같은 동북지방 시골 출신이다. 범인과 마찬가지로 나도 중학교 때에는 전교 5등 안에 드는 성적을 유지했다. 그러나 지방 명문 고등학교에 입학하자마자 성적이 뚝뚝 떨어졌다. 중학교 때는 한 자리였던 등수가 고등학교에 들어가자 두 자리 그리고 세 자리로 내려간 것이다.

그때 내가 느꼈던 초조함을 범인도 똑같이 느꼈으리라는 생각이 들었다. 이대로 뒤처지고 말 것 같은 두려움 또는 이대로 매몰되고 말 것 같은 초조함이 컸을 것이다.

고등학교 1학년 1학기 때, 나는 신체적 증상을 동반하는 자율신경실조증에 걸리고 말았다. 수업 중에 선생님께 지적을 받으면 마치 온몸이 마비되어 버리는 듯했다. 뇌파부터 시작해 모든 의학적 검사를 받았지만 원인은 발견되지 않았다. 결국 고등학교 1학년 여름방학은 대학병원에서 검사를 받으며 보냈다.

그때 우리 어머니가 툭 하고 한마디 던지셨다. "고등학교 그만두어도 괜찮다." 하고 말이다.

우리 어머니는 당시에는 드물게 고등교육을 받은 여성이었다. 초등학교 선생님으로 근무한 적도 있었다. 그러나 우리 아버지가 학력이 낮아, 어쩌면 그 부분을 부족하게 여기는 마음이 있었을지도 모른다. 어머니는 내가 센다이이치 고등학교를 거쳐 도호쿠 대학에 들어가기를 바라셨다. 그래서 중학교 때는 어머니의 압력 때문에 공부를 위해 특별활동을 그만두어야 했던 적도 있었다.

그렇기 때문에 고등학교를 그만두어도 괜찮다는 어머니 말씀은 더욱더 뜻밖이었다. 그와 동시에 나는 엄청나게 큰 해방감을 느낄 수 있었다.

부모가 된 처음 마음, 그 초심을 잃지 말라

상담하러 오시는 부모님들 중에도 이러한 변화를 보이는 분들이 있다. 이런 부모는 대개 처음에는 자기 아이는 이래야 하고 저러면 안 된다고 생각한다. 그러다가 아이가 등교 거부를 하거나 비행을 저지르거나 섭식장애를 일으켜 괴로워하면, 그때 비로소 아이가 건강하게 태어나 주기만을 바랐던 시절로 돌아간다.

그리하여 계단을 올라가듯 늘어만가던 부도의 소망이 이번에는 한 계단 한 계단 내려오듯 줄어든다. 빨리 학교로 돌아가지 않으면 공부가 뒤처질까 봐 걱정하던 부모가 조금이라도 학교를 다녀만 주면 된다고 여긴다. 그러다가 "아니지. 집에만 있어 줘도 좋다. 아니, 살아만 있어 주면 된다." 하고 존재하는 것 자체만으로도 좋다는 데까지 되돌아가는 것이다.

우리 어머니도 그렇게 되돌아가 주셨다. 그 덕분에 내 안에서 다시 일어설 수 있는 힘이 솟아날 수 있었다고 생각한다. 그리하여 1학년 후반부에는 학생회 활동도 하고 독서 감상문으로 상도 받는 등 공부 이외의 부분에서 좋은 평가를 받게 되었다. 그와 함께 성적도 오르기 시작했다.

아키하바라 사건의 범인과 나는 어떻게 보면 닮은 데가 있는지도 모른다. 그러나 우리는 살아가는 길이 서로 달라졌다. 부모가 있는 그대로의 자신을 받아들여 주었는지 아닌지 그 대목이 인생의 갈림길이 되었다고 생각한다.

동생의 수기에는 범인 대신에 부모의 기대를 한 몸에 짊어지게 된 동생 자신도 고등학교를 중퇴하고 은둔형 외톨이가 되었다고 쓰여 있다. 그런데 동생은 그 당시에 어머니가 울면서 사과했기 때문에 어머니를 용서할 수 있었다고 한다.

범인의 마음은 그저 상상으로 짐작해볼 수밖에 없다. 무엇보다 자기 자신이 해방되는 순간을 경험하지 못했다는 것이 안타깝다. 부모를 용서하자고 마음먹을 수 있는 기회를 갖지 못했다는 것도 마음 아픈 일이다.

이럴 땐 학원을 끊고
과외를 정리해야 한다

10대 자녀를 둔 부모로서는 아이의 성적이나 진로가 커다란 과제이다. 그리고 그 문제로 노심초사하는 것도 당연한 일이다. 그러나 아이의 지향과 자신의 지향 사이에 방향성이나 에너지의 크기가 일치하지 않는 경우가 흔히 있다.

혹시 이런 문제에 부딪쳤다면, 우선 부모가 자기 자신에게 스스로 물어보아야 할 것이 있다. 자기 마음속에 남아 있는 미해결 감정을 정리해야 하는 것이다. 그리고 아이를 다시 한 번 돌아다보면서 "나는 왜 이 아이가 열심히 하면 좋겠다고 생각하는 것일까?" 하는 물음에 답을 확실하게 찾아낼 필요가 있다.

이 세상에 아이를 기르는 정답 같은 것은 없다. 이 시기에는 이렇게 하는 것이 좋다고 해서 해주었는데 아이한테서는 "이거 너무 힘들어요." 또는 "더 못 하겠어요." 하는 대답이 돌아올 수도 있다.

이럴 때 부모가 잠깐 멈춰 서서 "너무 과한가?" 또는 "너무 빨랐나?" 하고 궤도를 수정하면 아이가 되살아난다. 학원을 끊고 특기 과외를 정리하거나 가짓수를 줄여 부모의 기대치를 줄여주는 것이다. 아이는 그때 비로소 마음이 편해져서 다시 한 번 뭔가를 해보고 싶다는 의욕을 보여줄 것이다.

상담실 문을 두드리는 부모와 아이 사이에는 참으로 다양한 문제들이 놓여 있다. 그 가운데서 아이의 의욕이 문제가 된 사례를 몇 가지 소개할까 한다(프라이버시에 걸리는 부분은 다소 내용을 바꾸었다).

아이의 의욕을 살려주지 못한다는 것 그리고 부모가 잘못 관여하면 아이의 의욕을 짓밟아 버리게 된다는 것이 무엇인지, 구체적인 실례를 통해 알아보기로 하자.

잘못된 사랑법 때문에
상처받는 아이들

사례 1 엄마 아빠는 '말 잘 듣는 나'만 인정하죠
공부 잘하는 아이를 두어 신이 난 부모

어렸을 때부터 공부를 잘한 A는 부모의 기분을 잘 헤아리는 '착한 아이'였다. 운동도 잘하고 공부도 잘하는 다재다능형으로서, 상담을 하면서 부모는 "그때는 정말로 재미있었다."고 말했다. "학원을 보내면 바로 성적이 쑥쑥 올라가고, 아 하면 어 하면서 금방 이해를 하니까 아들을 공부시키는 것이 굉장히 재미가 있었다."는 것이다.

아이가 학원을 다니기 시작한 것은 초등학교 5학년 때였다. 공부를 꽤 빡빡하게 시키는 학원으로, 일요일에는 사설 일제고사 같은 것을 보는 나날이 이어졌다. 노는 시간이 없어지고 학교 친구들과도 거리가 점점 멀어졌다.

부모는 아이의 공부 의욕을 부추기려고 "입시에 실패하면 동네에 있는 ○○중학교밖에 못 간다. 불량한 애들도 많고, 교실에서 수업도 제대로 진행이 안 된다고 하더라." 하면서 공립 중학교를 깎아내렸다고 한다. 학원 선생님들도 "공부 안 하려면 ○○중학교에 가서 불량학생이나 되라."면서 아이들을 협박했다고 한다.

시험이 가까워 오자 아이는 점점 짜증을 내는 일이 많아졌다. 다른 아이들은 성적이 올라가는데 아이는 하던 만큼도 점수가 나오지 않았다. 학교에서도 예전처럼 인기 있는 아이가 아니었다. 공부만 하면서 다른 친구들을 무시하는 태도를 보였기 때문이다. 게다가 뭐든지 잘하던 다재다능한 학생이 성적에만 매달리는 아이로 비치기 시작했다.

입시 실패, 등교 거부, 은둔형 외톨이, 가정 폭력으로

어느새 아이는 구석으로 몰리고 있었다. 시험 점수가 나쁘게 나오면 몰래 답을 고쳐 써서 "맞았는데 틀렸다고 되어 있다."고 거짓말을 하여 점수를 올려 받았다. 또 "선생님이 수학 시간을 체육 시간으로 바꿔버리는 바람에 점수가 떨어졌다."며 투덜대기도 했다. 사실은 이것이 바로 아이가 보내는 SOS 신호였다. 그런데도 부모를 비롯해서 아무도 알아차리지 못했던 것이다.

결국 아이는 중학교 입시에 실패하고 말았고, 부모와 아이 모두가 커다란 충격을 받았다. 아이는 동네에 있는 공립 중학교에 진학할 수밖에 없었다. 부모와 학원 선생님이 전부터 '불량 중학교'라고 험담하던 그 학교였다. 부모는 마치 손바닥 뒤집듯이 ○○중학교라도 괜찮다고 했고, 아이는 마지못해 입학을 했다.

그러나 자기가 바라던 중학교에 떨어졌다는 생각, 실패했다는 기분은 사라지지 않았다. 아이는 특별활동 부서에도 들어가지 않고, 학교생활에도 의욕을 잃어버리고 말았다. 급기야 등교 거부로 이어지고 말았다.

집에 틀어박혀 있던 아이는 부모에게 폭력을 휘두르기 시작했다. 말도 안 되는 요구 사항을 들이밀고는, 부모가 거절하면 주먹을 휘둘렀다. 부모는 아이가 말하는 대로 들어줄 수밖에 없었고, 요구하는 대로 물건을 사다 주었다.

아이 방에는 컴퓨터가 5대, 텔레비전이 3대, 치지도 않는 전자기타에 피아노까지 갖추어져 있었다. 그러나 거의 대부분 사용하지도 않고 쌓아 놓기만 했을 뿐이었다. 마치 부모에게 휘둘려 온 과거를 저주하면서 이번에는 거꾸로 자기가 부모를 휘둘러 주겠다고 시위하는 듯이 느껴졌다.

성적이 떨어지는 것은 아이가 보내는 SOS 신호

아이는 상담하러 오기까지 여러 번 SOS 신호를 보내고 있었다. 짜증을 내는 태도, 비겁한 행동, 성적 저하가 가장 알기 쉬운 SOS 신호였을 것이다. 그러나 부모는 어떻게 하면 아이를 예전 상태로 돌려놓을 수 있을지 거기에만 신경을 썼다. 자신들이 지금 무엇을 하고 있는지 잠시 멈춰 서서 돌이켜볼 생각을 하지 않았다.

뿐만 아니라 때로는 아이를 질타하고 때로는 격려하면서 "너답지 않으니 예전의 너로 돌아가라."고 요구했다. 아이에게는 부모의 이런 반응이 자기 존재를 부정하는 것으로 비칠 뿐이었다. 결과적으로 아이는 입시에 실패하였고, 등교 거부에 가정 폭력으로까지 이어지게 된 것이다.

이 아이는 의욕이 없는 아이가 아니었다. 의욕이 없기는커녕 흘러넘치는 아이였는데, 그것이 뿌리째 뽑혀버린 안타까운 경우라고 할 수 있겠다.

사례2 아빠는 내 마음도 모르면서 '옳은 말씀'만 하세요
좌절하고 있는 자신을 알아주지 않아 짜증을 내고 있는 아이

B는 밝고 활기차며 못하는 운동이 없는 소년이었다. 특히 유치원 때부터 시작한 수영 실력이 아주 뛰어나 수영 교실에서도 기대를 모으고 있었다. 그런데 초등학교 5학년이 되어 선수반에 올라가자 그때부터 자신감을 잃기 시작했다.

선수반은 전국 어린이 수영대회에 나가는 아이가 있을 정도로 실력이 뛰어났으며, 거의 매일 연습을 해야 했다. 또 코치가 엄격했고, 사람들 앞에서 호되게 아이를 야단친 적도 있다고 한다. 아이는 이제 수영을 그만하고 싶다는 생각을 하게 되었다. 하지만 한편으로는 "이대로 그만두면 난 영원히 끝날지도 몰라." 하는 두려움이 있었다. 코치가 '그만두는 녀석은 패배자'라고 했기 때문이다.

아이는 점차 활력을 잃고 무기력해져 갔다. 학교 실내화를 가위로 싹둑싹둑 오리거나 학교 책상을 칼로 그어 흠집을 내는 등 문제 행동을 보이기 시작했다. 성적도 떨어졌고 공부할 의욕도 점점 잃어갔다. 어머니나 남동생한테 괜히 화풀이를 하는 경우도 늘어났다.

이에 대해 아버지는 누가 들어도 반박할 수 없는 올바른 말로 아이를 가르치려 했다. "인간은 누구나 잘 안 될 때가 있는 법이다." 또는 "중간 에 집어치운다면 반드시 후회하게 될 것이다." 하는 말들. 아버지는 자기 자신이 꾸준히 노력하는 유형이라 그런지 아들에게도 그러한 모습을 요 구했다.

아이는 그런 말을 들으면 그 말이 맞는다고 생각했다. 그래서 그만두고 싶다는 자기 생각을 끝까지 주장할 수 없었다. 운동도 잘하고 공부도 그 럭저럭 괜찮게 하는 자신의 모습에 긍지를 갖고 있었던 것이다.

'올바른 소리'가 때로는 아이에게 상처가 된다

그러나 점점 부담이 쌓여가자 아이는 짜증이 심해졌고, 알아서 해야 할 일들도 제대로 못 챙기는 상황이 되었다. 그리하여 어차피 자기는 안 된 다며 무기력한 모습을 보이는 아들을 데리고 아버지가 상담실을 찾아오 게 된 것이다.

아버지는 자기가 잘못했다고는 생각하지 않는다고 말했다. 분명히 아 버지가 하신 말씀은 다 옳으며 틀린 데가 없다. 그러나 그것이 '옳은 소리 의 무서움'이라는 것을 부모님들은 알아두어야 한다. 아이는 선수반에 들 어간 이후로 심각한 갈등에 시달려 왔다. "난 여기서는 자신이 없어." 하 는 마음과 "하지만 인생의 패배자가 되고 싶지는 않아." 하는 두 마음 사이에서 말이다. 그런 아이에게 옳은 말씀들이 정말로 올바른 것이었을지 먼저 생각해주어야 한다는 말이다.

때때로 올바른 말, 정의 같은 것들이 사람을 구석으로 몰아붙인다는 것을 부모님이나 지도자들은 알아둘 필요가 있다. 아버지는 자랑스러운 자기 아들이 좌절하고 있다는 것을 받아들이기 어려웠는지도 모르겠다.

내 앞에서 아이는 아무렇지도 않다는 듯이 "어차피 난 안 되는 애예요."라는 말을 여러 번 했다. 하지만 그 말 속에는 정말로 이대로 안 될까 봐 두려워하는 마음이 숨어 있었다. 아이가 생각하는 '안 되는 애'란 도대체 자신의 어떤 모습을 뜻하는 것이었을까?

사례3 세 딸 중 제일 처지는 저 땜에 엄마 체면이 안 선대요
세 자매 가운데 부모가 마음을 써주지 않은 단 한 사람

상담실에 찾아온 C는 말을 조금 더듬었고 약간 비만 상태였으며, 말투에 자신감이 없는 여자 아이였다. 아이에게는 초등학교 5학년인 언니와 초등학교 1학년인 여동생이 있었다. 언니는 발레와 피아노 실력이 뛰어나고 공부도 잘했으며, 운동회 때에는 릴레이 선수로도 활약하는 아이였다. 여동생은 막내 특유의 요령이 있었고 머리 회전이 빨랐다. 게다가 어머니에게 자주 혼나는 C를 보면서 자라서 어떻게 하면 부모의 기분을 상하지 않게 할 수 있는지를 잘 알고 있었다.

어머니는 무의식적으로 언니에게 기대를 걸고 있었고, 막내를 귀여워

했다. 그러나 요령도 없고 실수만 저지르는 C는 인정을 안 하고 있었다. 언니와 동생이 배우는 피아노와 발레를 C는 배우지 않고 있었다. 어차피 무리라고 생각했기 때문이라고 한다.

상담실에는 동생도 함께 검사를 받으러 왔는데, C와는 입고 있는 옷부터가 전혀 달랐다. C는 윗옷 단추가 떨어질 듯 달랑거리고 있었고 옷차림새에 전혀 신경을 써 주지 않은 듯한 분위기였는데, 동생은 알록달록한 원피스에 긴 머리를 예쁘게 묶고 있었다.

어머니는 "학교 선생님이 말씀하셔서서 오게 되었어요. 애 때문에 시간을 내야 한다는 것이 화가 나려고 하네요."라는 식으로 이야기를 했다.

아이 자신은 놀라울 정도로 무기력했다. 뭔가를 하려고 하다가는 금방 포기하고 한숨을 내쉬었다. "이것 좀 해 볼래?" 하면 조금 하는 척하다가 금방 그만두었다.

부부 관계가 아이에게 미치는 영향

지능검사를 해보니 학습 능력 부분이 좀 낮게 나왔다. 칠판에 쓴 글자를 똑같이 베껴 쓰지 못했고, 책에서 선생님이 말씀하시는 쪽을 찾아 펼치지 못했다. 또 연필이나 책받침 사용법을 확실히 모르고 있었다. 기초적인 부분을 제대로 배우지 못했다는 것을 알 수 있었다.

어머니 이야기를 들어 보니, 부부 관계가 별로 좋지 않았고 시어머니와도 사이가 안 좋다는 것을 알 수 있었다. 또 큰애와 막내는 시어머니에게 자랑스럽게 내세울 수가 있는데, 이 아이가 문제가 되어서 듣기 싫은 소리를 듣는다고 했다. 둘째 때문에 어머니로서 체면이 안 선다는 것이다.

부모에게 마음의 여유가 없으면 신경 쓰게 하지 않고 알아서 잘하는 아이에게 마음이 가게 된다. 그리고 C와 같은 아이는 점점 부모의 관심에서 멀어지는 것이다.

어머니와 이 아이의 의사소통이란 야단치고 야단맞는 것뿐이었다. 아이는 야단맞을 때마다 자신감을 잃어갔다. 자기 생각을 분명히 말하는 능력도 점점 잃어갔고, 말을 하려고 하면 저도 모르게 말을 더듬게 되었다. 그리하여 결과적으로 또다시 야단을 맞는 악순환에 빠지게 되었던 것이다.

이 아이에게도 좋은 점이 많이 있었다. 아이는 집에서 기르는 햄스터에게 먹이를 주고, 꽃과 나무에도 물을 주고 있었다. 친구가 다쳤을 때 계속 옆에 있어 주었다는 얘기도 들었다. 그러나 아이의 좋은 점을 알아주고 칭찬해주는 사람, 아이의 마음에 힘을 불어넣어 주는 사람이 옆에 없었던 것이다.

사례4 부모님은 절 알아주지 않아도 친구들은 알아줘요
초등학교 때까지만 해도 정말로 괜찮은 아이였는데

D가 상담실에 오게 된 것은 '연예인에 너무 깊이 빠져 있는 것'을 부모가 걱정해서였다.

아이는 보기만 해도 활기에 넘치는 밝고 명랑한 소녀였다. 리더십도 느껴졌다. 아이는 아직 유명해지지 않은 연예인을 스타로 만들어보고 싶다고 했다. 그래서 팬클럽 사이트를 만들고 팬을 모집하는 한편, 기념품까지 만들어 판매하려고 열심히 뛰고 있다고 했다. 그런데 자금도 없고 휴대전화 요금도 많이 나오자 결국 도둑질을 하기에 이르렀다고 한다.

어머니는 아이가 초등학교 때는 정말로 좋은 아이였다고 했다. 내 눈에는 지금도 충분히 좋은 아이로 보였지만, 어머니가 바라는 것과는 방향이 좀 다른 듯했다. 처음에는 공부에 대한 인식이 부모 자식 간에 달라서 생긴 문제인가 싶었다. 그러나 아이의 말을 찬찬히 들어 보니 그 양상이 조금 달랐다.

아이가 어렸을 때부터 부모님은 사이가 그다지 좋지 않았다. 아이는 언제나 "네 아버지 월급이 너무 적다."거나 "휴일이라고는 골프밖에 모르지." 하는 어머니의 불평불만을 들어 왔고, 그때마다 어머니를 위로하고 힘이 되어 주는 역할을 맡아 왔다. 아이를 보니 정말로 어렸을 때부터 많이 노력했겠구나 하는 생각이 들었다.

그 집은 진짜 나의 집이 아니야

그러나 초등학교 고학년이 되자 아이의 마음속에 아버지뿐만 아니라 어머니도 잘못하는 것 같다는 생각이 들기 시작했다. 또 어머니가 아버지한테 하는 걸 보면 좀 심하다는 생각이 드는 장면도 점차 눈에 띄었다. 지금까지 불쌍하다고 생각해왔던 어머니의 모습이 점점 다른 형태로 다가오기 시작한 것이다.

그래도 초등학교 때까지는 잘 참고 '좋은 아이'를 연출할 수 있었다. 그런데 중학생이 되자 주변에 비슷한 부류의 친구들이 생기기 시작했다. 초등학교 때 사귄 친구들처럼 '부모님께 사랑받고 자란 우등생'이 아니라 공부에는 흥미가 없고 연예인에 몰두하는 아이들이었다. 이 친구들은 다양한 정보를 많이 알고 있었고, 감각이 있었다. 깊이 사귀면서 자기처럼 부모님이 사이가 안 좋아서 고민하고 있는 친구들이 꽤 있다는 것을 알게 되었다.

"부모님이 알아주지 않아도 친구들은 알아줘요. 가족은 필요 없어요. 친구들만 있으면 돼요." 아이는 이렇게 말했다. "그러니까 그 집은 진짜 집이 아니었다고요."

부모에 대한 아이의 실망은 아주 깊었다. 하지만 부모에게는 그것이 전달되지 않고 있었다. "연예인에 빠져서 공부도 안 해요. 나쁜 친구들 때문에 도둑질까지 했다고요." 이것이 부모의 눈에 비친 아이의 모습이었다.

아이는 원래 에너지가 넘치고, 어머니를 지켜주려고 했을 만큼 포용력이 있었다. 팬클럽에서도 인정을 받고 있었으며, 도둑질도 친구들의 기대에 부응하고자 한 나머지 저지른 일이었다. 부모가 생각하듯 단순한 의욕 상실이 아니었던 것이다.

 엄마는 저 같은 거 안중에도 없어요

열혈 어머니와 무기력한 아이

상담실에 들어온 E와 어머니를 번갈아보고는 너무나 인상이 달라서 깜짝 놀랐다. 어머니는 40대라고는 믿어지지 않을 만큼 젊고 스타일이 멋있었다. 어머니 배구단 선수이기도 하고, 직장에서도 파트타임으로 일을 하다가 최근에 정사원으로 발탁되어 굉장히 바쁘다고 했다. 생기가 넘치고 리더십도 있었다. 언뜻 보기에 나무랄 데 없는 어머니 같았다.

그러나 아이는 어두운 표정에 힘없는 모습으로 옆에 앉아 있었다. 공부든 운동이든 도통 할 생각이 없는 것 같았고, 자칫하면 등교 거부로 이어질 가능성도 있는 상황이었다. 활동적인 어머니와는 완전 딴판으로, 의욕이 전혀 없어 보이는 아이였다.

아이의 부모는 사이가 좋았다. 아내가 배구 시합이 있으면 남편은 반드시 참석해 응원했다. 그리고 남편도 회사 야구단 소속으로, 휴일에는 부모가 함께 외출하는 경우가 많았다. 아이가 외동이라 어렸을 때부터 주말에는 베이비시터가 왔다. 고학년이 도면서부터는 주말에 계획을 빽빽하게 짜서 학원을 보내고 있었다. 장기 후가를 갈 때는 학원의 합숙 프로그램이나 일주일 이상의 캠프를 신청해 아이를 '가두어' 놓았다고 한다.

아이가 문제 행동을 일으키는 경우는 없었다. 얌전하고 눈에 잘 안 띄는 아이였다. 다만 의욕이 없었다. 아무것도 할 생각이 없는 것 같았다. 그런데 어머니는 별로 걱정을 안 하고 있었다. "남자 아이는 좀 늦되는 법이에요. 스스로 할 생각이 생기면 다 할 거라고요." 하며 대범하게 받아들이고 있었다.

아이에게 보급되지 않는 마음의 에너지

상담 일을 하다 보면 이 아이와 같은 경우를 심심치 않게 만나게 된다. 부모는 자신이 좋아하는 일을 하며 자기 인생을 구가하고 있는데, 아이는 활기가 없는 것이다. 이럴 때는 아이에게 마음의 에너지가 보급되고 있지 않은 경우가 많다. 부모가 에너지의 원천을 자기 자신만을 위해서 다 써버리고 아이에게 주지 않고 있는 듯이 보이는 경우도 있다.

이야기를 들어 보니 이 가족은 생일이나 크리스마스 파티 같은 것을 거의 한 적이 없었다. 주말에 가족끼리 공원에 놀러 간 적도 없었고, 아이를 중심으로 어떤 이벤트 같은 것을 한 적도 없었다. 가족끼리 어울리는 문화라 할 만한 것이 거의 없다는 것을 금방 알 수 있었다.

어머니는 아이 걱정을 별로 하지 않고 있었다. 하지만 그것은 대범함이라기보다 무관심에 가까워 보였다. 여성들이 유능해지고 사회에서 활약하는 것은 바람직한 일이다. 그러나 한편으로 '어머니다움'을 배우지 못한 어머니들이 아이를 방치하고 있는 경우가 자주 눈에 띄는 것도 사실이다.

다행히도 이 경우에는 아이와 부모의 관계가 나쁘지 않았고, 부부 사이도 좋았다. 그리하여 아버지와 어머니의 시선이 확실하게 아이를 향하고 에너지를 나누어주게 되자 아이 눈에도 생기가 깃들기 시작했다.

때로는 부모의 진심어린 사과가
약이 된다

이렇게 다섯 아이들의 모습을 살펴보면서 의욕이라는 것이 얼마나 섬세하고 유동적이며 인간관계에 따라 좌우되는지를 알 수 있었을 것이다.

A와 B와 D는 원래는 의욕이 있는 아이였다. 그러나 부모의 대응 방법이나 환경 변화에 따라 갑자기 에너지를 빼앗겨버렸다. C와 E는 마음의 토대가 튼튼하게 만들어지지 못한 경우였다. 부모에게 마음의 에너지를 받지 못하고, 사회적 기술을 배우는 기회도 갖지 못하고 있었다.

이러한 부분은 대개 배경 뒤에 숨어 있다. 그러나 여러 차례 면담을 반복하며 이야기를 듣고, 또 과거의 상담 경험을 바탕으로 질문해가는 과정에서 조금씩 그 모습이 드러난다. 여기에 등장하는 부모들은 아이를 데리고 와서 자기 아이가 의욕을 잃어버렸다고 이야기했다. 그러나 왜 의욕을 잃어버리게 되었는지에 대해서는 대부분 눈치를 채지 못하고 있었다.

맨 처음에 나온 A는 자기 인생을 돌려달라고 수없이 외치고 있었다. 거듭해서 부모의 사과를 요구하고 있었던 것이다. 부모의 기대에 부응하고자 했던 마음이 전복되어, 모든 것이 부모 탓이라는 생각에 빠지게 된 경우라 하겠다.

A뿐만이 아니라 좌절을 경험한 아이들은 반드시 이런 말을 한다. 이럴 때 부모들은 무엇을 사과해야 하는지도 모르는 채 그저 어쩔 줄 모르고 있는 경우가 많다.

부모가 앞서가면
당연히 아이는 뒤처진다

아이의 의욕이라는 것이 인간관계나 부모와의 관계에 따라 이렇게나 크게 좌우된다니 하고 놀랄 때가 참으로 많다.

부모가 칭찬하는 것이 좋아서 열심히 노력하는 아이, 기대를 받고 있다는 기쁨에 무작정 질주하는 아이들의 모습을 자주 본다. 그러나 아이가 부모 말에 거짓이 섞여 있다는 것을 알게 되는 경우가 있다. 또는 너무나 열심히 뛴 나머지 아이가 지쳐서 주저앉아 버릴 때가 있다. 이럴 때 아이의 의욕은 급격히 위축된다. 갑작스러운 아이의 변화로 인해 가족 전체가 힘들어지는 경우도 많다.

반대로 부모가 별로 기대도 하지 않고 신경도 써주지 않아서 의욕 없는 아이가 되는 경우도 많다. 그만큼 부모는 아이에게 절대적이다.

이 말을 정리하면, 부모는 하겠다고 마음만 먹으면 아이의 의욕을 조절

할 수가 있다는 이야기다. 아이의 '의욕 스위치'를 부모가 발견하여 꾹 눌러주는 것이 현실적으로 불가능한 것은 아니라는 말이다.

그러나 절대로 그렇게 해서는 안 된다. 부모가 아이의 의욕을 조절하고 지배하면, 그것이 나중에 반드시 아이의 의욕을 짓밟아버린 결과를 낳기 때문이다. 부모들이 꼭 기억해두어야 할 부분이다.

제4장

사춘기라는 거대한 산을 넘는 법

아이는 지금
내부 공사 중

혹시 자녀가 사춘기에 접어들었는가? 아니면 사춘기 직전이라 예습을 하고 있는가?

사춘기는 자기를 탐구하는 시기이다. 건물로 치자면 내부 공사 중이다. 외장 공사에 들어가야 사람들이 밖에서 보고 "이거 꽤 괜찮은 아파트가 되겠는데?" 하고 알아보겠지만, 그때가 되려면 아직 한참 멀었다. 주변에서는 "뭘 하고 있는 거지?" 또는 "어떤 물건이 되려나?" 하고 수상한 눈초리로 바라보고, 본인 자신도 "나도 잘 모르니까 말 시키지 마!" 하고 있는 상태인 것이다. 그러니까 힘들게 '자기 자신'이라는 내면을 파고 내려가서 기본이 되는 기둥을 세우고 있는 중이라고 생각해주면 좋을 듯하다.

이 공사는 덜커덩거리는 흔들림이 큰 공사라서 어떤 아이든지 크게 흔들릴 수가 있다. 주변 사람들까지 휘말려 들어갈 정도로 심각한 경우도 꽤 흔하다. 이때 중요한 것이 제2장에서 설명했던 '마음의 토대'가 어느 정도 완성되었는가 하는 점이다.

본래 마음의 토대는 사춘기에 접어들기 전에 완성되어야 한다. 그러나 토대가 아직 완성되지 않은 아이도 있고, 만들어지기는 했으나 아주 미약한 아이도 있으며, 토대가 불안정하여 무너지기 쉬운 아이도 있다. 토대가 안정되어 있으면 아무리 흔들려도 뿌리째 뽑히는 일은 없을 것이다. 그러나 토대가 작거나 무너지기 쉽거나 아직 만들어지고 있는 중일 때는, 흔들림 때문에 건물 자체가 무너질 가능성도 있다.

마음의 토대가 아무리 깊이 뿌리 내리고 안정되어 있다고 하더라도 사춘기가 위기의 시기라는 점에는 변함이 없다. 부모로서는 아이가 아무것도 할 생각이 없는 것처럼 보이거나 무슨 생각을 하고 있는지 잘 모르겠다 싶은 경우가 있을 것이다. 그 이유는 아이의 흥미(의욕)의 범위가 넓어지기 때문이며, 또 한편으로는 그 깊이가 깊어지기 때문이다.

이 시기 아이들은 "나는 무엇인가?" 또는 "나는 어떻게 살아야 하는가?" 하는 문제를 파고든다. 따라서 답을 넓고 깊게 구하려는 아이일수록 흔들림이 더 큰 경향이 있다. 반대로 이 정도면 되었다고 일단락을 지은 후 잽싸게 외벽 공사로 향하는 아이도 있다. 부모 입장에서는 이런 아이가 안심이 될 수도 있을 것이다. 그러나 만들어진 건물이 너무나 작아 나중에 확장 공사에 들어가면서 부모를 놀라게 하는 경우도 있다.

다시 처음 이야기로 돌아가자. 요즘 사춘기 아이들이 흥미를 느끼는 대상은 어른들이 생각하는 범위를 뛰어넘어 널리 확대되고 있다. 지금까지는 학원, 운동, 텔레비전, 게임, 만화책 정도였던 세계에 새로운 관심사가 차례차례 진입해 들어온다. 특별활동, 학생회, 옷이나 패션, 연예인, 소설, 인터넷, 우주, 초자연적 현상, 종교 등등.

그와 더불어 교류하는 사람들도 달라지기 시작한다. 이성, 다른 학년의 선배와 후배, 다른 학교 친구, 동네 어른들, 아이들을 상대로 장사하는 사람, 인터넷에서 접하는 얼굴 모르는 타인 등등. 문제는 그만큼 다양한 위험들이 기다리고 있을 가능성이 크다는 것이다.

흥미 대상을 깊이깊이 파고들어가는 시기

넓이뿐만 아니라 깊이가 깊어지는 것도 사춘기의 특징이다. 예컨대 연예인을 좋아해서 텔레비전에 매달려 있는 아이가 있다고 해보자. 아이는 팬클럽에 들어가거나 인터넷에서 더 많은 정보를 얻고 싶어할 것이다. 또 같은 생각을 가진 친구들이 늘어나면 콘서트가 열리는 곳에 모여들어 한데 어울리기도 할 것이다. 또 촬영 현장 같은 데에 쫓아가서 자기가 좋아하는 연예인이 나올 때까지 하염없이 기다릴 수도 있다. 그중에는 스타에게 조금이라도 더 가까이 다가가고 싶어서 연예계를 지망하는 아이가 나타날지도 모른다.

어른들도 돌이켜 생각하면 그런 시기가 있었을 것이다. 무엇에 홀린 듯이 빠져들어 정보를 수집하고, 더 알고 싶어하고, 그대로 모방하려 들었던 시기 말이다. 그것이 바로 사춘기의 특권 같은 것이다.

그런데 요 십여 년 사이에 큰 변화가 있었다. 바로 인터넷의 출현이다. 인터넷의 가상현실 세계가 사춘기 아이들의 흥미 대상이자 정보 수집 도구가 됨으로써 문제가 더욱 복잡해졌다. 예컨대 아키하바라 무차별 살상 사건의 범인은 휴대전화 인터넷으로 끊임없이 메시지를 발신하고 있었다. 송수신 내역을 보면 범인이 인터넷 세계의 네티즌들에게 얼마나 간절하게 구원을 요청하고 있었는지를 짐작할 수가 있다.

그러나 그 세계의 주민들은 현실 세계와 다른 얼굴을 가지고 있다. 현실 사회에서는 이기심과 이타심이 서로 모순을 일으킨다. 그러므로 자기만을 중요하게 생각하는 사람은 현실 속에서 다른 누군가를 도와주려고 하지 않는다. 어려운 형편에 놓인 사람을 도와주려면 자기의 시간이나 돈 또는 그밖의 어떤 것을 희생해야 하기 때문이다.

그러나 인터넷이라는 익명 세계에서는 자기애가 강한 사람도 쉽게 타인을 수용하는 태도를 취할 수 있다. 아무런 책임을 지지 않은 채 얼마든지 가볍게 응원이나 격려를 보낼 수 있기 때문이다. 책임을 지지 않아도 되므로 상대가 어떤 사람이든지 다 수용할 수 있다. 뿐만 아니라 좀 귀찮다 싶으면 손바닥 뒤집듯이 싹 사라질 수도 있다. 그것이 가상 세계이다.

아키하바라 사건의 범인이 잘못된 세계를 믿고 의지했다는 점이 그 사건의 또 다른 측면이다. 이처럼 아이들은 부모 세대와 달리 더 복잡해진 세계에 발을 들여놓고 있다. 부모들이 잘 알고 있어야 할 부분이다.

온몸으로 바보 같은 짓을 저지르고 싶다

사춘기의 불안정함은 그런 것뿐만이 아니다. 사춘기란 자기 내부에서 튀어나오는 것들과 싸워야 하는, 참으로 괴로운 시기이다. 자기 자신이 지금 아주 괴롭다는 것은 잘 알고 있다. 그런데 무엇이 괴로운지, 원인이 무엇인지, 어떻게 하면 좋은지는 언어로 표현할 길이 없다.

그 괴로움에서 벗어나려고 기가 턱턱 막힐 정도로 바보 같은 짓을 하는 경우도 있다. 얼마 전에 『붕대 클럽』이라는 소설을 읽었는데, 주인공 남자 아이가 말도 안 되는 짓을 계속 하고 있었다. 눈이 내리는 교정을 달랑 팬티만 한 장 입은 채 달린다든지, 썩은 음식물 쓰레기를 교복 주머니에 넣고 등교한다든지, 찻주전자 속에 녹차 대신 흙탕물을 넣는다든지 하는 짓들 말이다. 또 한번은 폭죽이 가득 든 상자를 자기가 누워 있는 텐트 안으로 던져달라는 무식하기 짝이 없는 부탁을 하기도 한다.

나도 그런 기억이 있다. 집 근처에 있던 큰 절에 긴 돌계단이 있었는데, 거기를 자전거를 타고 내려온 적이 있었다. 당연히 여기저기를 다쳤다. 또 난로에 젖은 나무를 집어넣어 학교를 온통 너구리 잡듯이 연기로 뒤덮이게 만든 적도 있었다.

그 시기 아이들도 바보 같은 짓이라는 것은 알고 있다. 그런데 그만둘 수가 없는 것이다. 조금 더 어른이 되면 내부에 쌓여 있는 것을 다양한 방법을 통해 해소할 수 있다는 것을 깨닫게 될 것이다. 그러나 이 시기에는 아직 그럴 수가 없다. 그래서 더더욱 자신을 닦달하듯이 바보 같은 짓을 저지르는 것이다.

부모와의 관계가 좋으면
빨리 제자리로 돌아온다

이처럼 사춘기는 마음이 덜컹거리며 흔들리는 불안정한 시기이다. 바로 그렇기 때문에 마음의 토대 완성도가 문제가 되는 것이라고 거듭 주장하는 것이다.

아이의 흥미나 관심거리가 크게 늘어나고, 그 끝에 어떤 위험한 함정이 있다는 것을 알았다고 해보자. 이때 "이건 그만두는 것이 좋겠다." "지금이 도망칠 때다." 하고 자신의 내면에서 신호를 보내주는 것이 바로 마음의 토대이다. 또 무엇인가 힘든 일이 생겼을 때 가상 세계가 아니라 현실 세계에 살고 있는 사람에게 도움을 요청할 수 있는 힘도 마음의 토대에서 우러나온다.

마음의 토대가 안정되어 있는 아이라면 하고 싶은 일이 있어도 방법을 수정할 수 있는 힘을 갖고 있다. 위험한 일이나 바보 같은 행동을 하고 싶다는 생각이 들더라도 사회와 타협하는 쪽으로 방향을 바꿀 줄 아는 것이다. 설사 정말로 바보 같은 짓을 저질렀다고 하더라도 아이의 마음속에는 "나, 계속 이러면 안 되는 거지." 하고 말리는 자기 자신이 있기 때문에 때가 되면 제자리로 돌아올 수도 있다

그러나 마음의 토대가 불안정한 아이들은 갈 데까지 가버린다. 집단 폭행으로 친구나 노숙자 같은 사람들을 죽음으로까지 몰고 가는 아이들이 바로 그런 경우이다.

부모님의 거짓말과
한계가 보여요

아이가 자기 내면을 공사하고 있는 동안에는 부모와의 관계도 변한다. 아이가 부모를 보는 눈이 달라지는 것이다.

지금까지 아이는 모든 것을 자기중심적으로 받아들여 왔다. 그러나 이 시기가 되면 객관적인 시야에서 바라보는 힘이 생긴다. "엄마는 무조건 다 좋아."라고 하던 녀석이 "엄마를 좋아하긴 하지만, 여자로서는 어떤지 모르겠네." 하는 생각을 하기도 한다. "우리 집에서 지키는 규칙은 세상 사람 모두가 다 지키는 규칙이야." 하고 착각하고 있던 녀석이 "우리 집은 너무 엄해. 나만 손해 보는 것 같아." 하는 생각을 하는 것이다.

뿐만 아니라 "우리 집, 알고 보니 좀 가난하구나." "엄마 아빠 사이가 별로 안 좋네." "엄마가 나한테는 기대를 많이 하고 계시는데, 동생한테는 그만큼 신경을 안 쓰시는 것 같다." 등등 이런저런 것들이 분명하게 눈에 들어오게 된다.

한편으로는 어른들이 하는 거짓말도 알아차리게 된다. 어른 입장에서 거짓말을 할 생각은 없었을 것이다. 그러나 무의식적으로 말과 행동이 일치하지 않는다든지 모순투성이 발언을 계속하고 있는 경우가 많다.

예컨대 아이에게는 공부하라고 요구하면서 자신은 책 한 권 읽지 않는 아버지가 그렇고, "공부하기 싫으면 하지 말라."고 해놓고서 정말로 공부를 안 하면 초조해하는 어머니가 그렇다. 앞에서는 어른으로서 그럴듯한 말을 늘어놓고는 실제로는 앞뒤가 안 맞는 행동을 하는 경우를 이제 아이가 다 눈치 채는 것이다.

또 아이 눈에 부모의 힘이 어디까지 미칠 수 있는지 그 한계가 보이기 시작한다. 어렸을 때는 부모가 옆에 있어 주기만 하면 아무 걱정이 없었다. 하지만 이제는 부모가 모든 것을 다 해주는 존재가 아니라는 것을 알게 된다. 예컨대 부모가 아무리 격려해 주어드 시험공부를 하는 것은 자기 자신이며, 학교에서 친구들과 문제가 생겨도 부모가 해줄 수 있는 것은 없다는 것을 깨닫는 것이다. 어떤 부모는 그 선을 뛰어넘어 직접 개입하려 들기도 하지만, 오히려 상황이 꼬이는 경우가 많다.

부모의 또 다른 모습을 발견했을 때 아이는 황야에 내던져진 기분을 느끼게 된다. 실제로 부모가 내던진 것은 아니지만 아이가 스스로 자신의 고독에 눈뜨는 것이다.

부부관계가 흔들리면 아이가 흔들린다

사춘기 아이의 행동에 문제가 생겼을 때, 사실은 아이가 부모에게 질문을 던지고 있는 것이다.

이 시기에 아이는 "나는 누구인가?" 하는 문제를 놓고 심각하게 답을 구하고 있다. 그것은 곧 자기가 어떻게 길러져 왔는지를 묻는 것이며 "우리 가족은 도대체 어떤 가족인가?"를 묻는 것이기도 하다. 그 한가운데에 있는 것이 부부로서의 부모의 존재이다.

아이의 관심은 "우리 엄마 아빠는 사이가 좋은가?" "혹시 거짓 의사소통을 하고 있는 것은 아닐까?" 하는 부분에 쏠려 있다. 아이는 자신의 불안의 뿌리가 바로 부부간의 흔들림에 있다는 것을 알아차리고 있는 것이다.

나는 사춘기 아이 때문에 고민하고 있는 부모를 보면 혹시 아이의 문제가 아니라 부부의 문제가 아닌지 돌아보라고 권한다. 그리고 부부 사이가 좋아지도록 노력해볼 것을 부탁한다.

부모가 아이와의 관계에만 신경을 쓰고 부부 사이를 돌보지 않을 때 아이와의 관계는 절대로 좋아질 수가 없다. 오히려 지금 제기되고 있는 것은 부부 사이의 문제인지도 모른다는 자각이 필요하다.

시키는 대로 잘하던 아이가
반항도 심하게 한다

아이는 이처럼 사춘기에 접어들면서 부모와 자기 가족을 객관적으로 바라보기 시작한다. 이때가 바로 아이가 지금까지 자라온 과정을 중간 결산하는 시기인 것이다.

"나에게 가족은 무엇인가?" "엄마는 어떤 사람이었나?" "아버지가 우리한테 어떤 관심을 가져주었지?" "우리 형제를 과연 공평하게 대해 주었나?" "그때 부모님 행동은 진짜 별로였어." 이런 여러 가지가 결산 대상에 오른다.

아이는 그런 마음을 다양한 형태로 바꾸어 부모에게 내보인다. 그럼으로써 지금까지의 성장 발달 과정을 중간 결산하고 어른이 되어 가는 것이다. 이것은 아이의 독립에 반드시 필요한 준비 단계이다.

이때 아이가 펼쳐 보이는 중간 결산 과정은 참으로 다양하다. 공부에서 완전히 손을 떼거나 폭력적인 성향을 보이거나 입을 꾹 다물고 말을 안 하거나 신경질적인 언동을 일삼는다. 이것이 반항기 모습의 한 형태이다.

반항기는 아이에 따라 형태가 다르게 나타난다. 비행이나 폭력, 등교 거부와 같은 행동으로 나타나는 아이가 있는가 하면, 반항기가 있었는지 없었는지도 모르게 지나가는 경우도 있다. 이런 차이는 어디에서 비롯되는 것일까?

그중 하나가 앞에서 말한 '결산해야 할 것들의 총량'이다. 이 문제는 어른들이 얼마나 아이를 어른들 마음대르 대접해 왔느냐 하는 것과 관련이 있다. 예컨대 부모가 자기 마음대로 휘둘러온 아이, 부모의 배려를 받지 못한 아이, 부모의 기대에 부응하고자 무리해서 노력해온 아이, 착한 아이가 됨으로써 부모의 인정을 받으려 한 아이들이 있다. 이런 아이들은 태평하게 살아온 아이들과 달리 큰 반동을 일으키는 경우가 많다.

두 번째는 아이들 개개인의 개성이다. 아이가 감수성이 예민하고 사람의 기분에 민감하면 그만큼 불안을 느끼기 쉽다. 이것이 반항이라는 형태로 강하게 분출되는 것이다. 또 아이들의 몸과 마음이 성장하는 속도에 따라서도 각각 다르게 나타난다.

예컨대 1년에 키가 15센티나 자라는 경우를 생각해 보자. 뼈 성장에 근육이나 내장기관의 발달이 따라가지 못해서 아이가 신체적 불균형 상태에 빠질 수가 있다. 급격히 성장한 몸을 잘 제어하지 못해서 문제가 발생하는 경우도 많다. 살짝 때린다고 했는데 상대방이 다치거나 물건이 부서지는 것이 그 예이다. 몸이 급격하게 성장한 아이일수록 신경질을 많이 내거나 심한 반항기를 겪는 경향이 있다.

아들의 반항이 더 심각한 이유

세 번째는 남녀 차이이다. 앞에서 이야기했듯이 급격히 몸이 성장하는 것도 심한 반항기를 초래하는 이유 중 하나이다. 성장 곡선을 보면 여자 아이보다 남자 아이가 급커브를 그리는 경향이 있다. 반면에 여자 아이는 남자 아이보다 조금 빨리 발달하기 시작해서 완만한 진행 과정을 보인다. 여자 아이는 대개 초등학교 고학년에 사춘기가 시작되지만, 남자 아이는 중학생이 된 이후에 시작된다.

남자 아이는 성장이 느려서 늘 어리게 보이고 손이 많이 간다. 그래서 어머니들이 남자 아이들을 더 세세히 보살피는 경향이 있다. '어리고 귀여운 우리 아기'에게 어느새 수염이 나고 어머니보다 훌쩍 키가 컸는데도 여전히 그 손길을 거두지 못하는 어머니들이 적지 않다.

그래서 남자 아이들은 자기 어머니에게 "엄마가 좋아." 그리고 "귀찮아.” 하는 2가지 모순된 감정을 갖는다. 필요 없다는 듯이 쌀쌀맞게 대하다가 어리광을 부리기도 하고, 부모에게 섭섭한 소리를 해놓고는 금방 상냥한 얼굴을 하는 것이다. 때로는 부모에게 지나치게 상처가 되는 말을 내뱉기도 한다. 부모에게서 단기간에 효과적으로 독립을 하려면 '귀여운 아이'였던 자신을 어서 빨리 포기하시도록 해야 하기 때문이다.

여자 아이는 대체로 남자 아이만큼 극단적이지는 않다. 또 남자 아이보다 성장이 빨라서 깔끔하게 맺고 끊는 듯한 인상을 일찌감치 주기 시작한다. 부모와의 관계도 적당한 거리를 두고 유지하는 편인데, 부모를 귀찮다고 느끼는 부분이 적어서 그런지도 모르겠다. 그 거리감 때문인지 여자아이는 부모가 자기만 신경 써주는 것이 아니라는 점을 냉정하게 간파할 줄 안다. 그리고 그만큼 외로움을 느낀다. 그래서 여자 아이들이 부모를 대신할 존재를 집 밖에서 구하려 드는 경우가 가끔 눈에 띈다.

그 시기의 좌절과 후회는 인정하는 게 최선이다

아이가 이렇게 커다란 변화를 보이면 부모는 불안을 느낀다. 아이의 변화를 받아들이지 못하고 예전 상태로 아이를 돌려놓고 싶어하는 부모도 적지 않다.

부모가 아이와 함께 상담실을 방문할 때는 대개 어떤 문제가 발생했기 때문이다. 그래서 "전에는 정말 키우기 수월한 아이였다."거나 "아이가 옛날로 돌아갔으면 좋겠다."는 말을 많이 한다. 앞에서 이야기한 A와 D의 부모도 마찬가지였다.

그렇게 심각한 경우가 아니더라도 부모들이 흔히 아무렇지도 않게 하는 말이 있다. "아이가 중학교 1학년 대는 공부를 잘했는데, 중2가 되더니 성적이 떨어지고 있어요. 중1 때로 돌아가면 좋겠어요." 그러나 그것이 얼마나 잘못된 생각인지 잘 알아 두어야 한다.

“공부를 잘하고 있었는데, 성적이 떨어졌다.”

“뭐든지 열심히 하던 아이가 게으른 아이로 변했다.”

“언제나 열심히 하려는 아이였는데 그 의욕이 어디 갔는지 모르겠다.”

이런 말을 깊이 분석해보면 부모가 아이에 대해 어떤 기준점 같은 것을 설정해 놓고 있다는 것을 알 수 있다. 어떤 이유가 있어서 그 수치가 떨어지기는 했지만, 문제를 정확히 파악하고 대처하면 다시 기준점을 회복할 수 있을 거라고 믿고 있는 것이다.

그러나 그런 생각은 버려야 한다. 올라갔다거나 내려갔다고 파악할 것이 아니라 성장했다 또는 앞으로 나아갔다고 바라보아야 한다. 아이의 변화는 그래프에 선을 그어 나타낼 수 있는 것이 아니라 하나의 여정이기 때문이다.

인생길은 결코 평탄하기만 한 게 아니다. 산이 있으면 골이 있다. 험한 산을 앞에 두고 다리가 얼어붙을 수도 있고, 가파른 오르막길 앞에서 주저앉을 수도 있다. 경사가 완만한 언덕길이라면 왜 숨이 찬지도 모르면서 달려 올라갈 수도 있을 것이다. 또한 길 자체는 평탄하더라도 지고 있는 짐이 너무 무거워서 나아가지 못하거나, 너무나 배가 고파서 걸음을 못 옮기는 경우도 있을 것이다.

아이가 겪는 어려움의 원인은 여러 가지가 있을 것이다. 그러나 어려움을 딛고 여기까지 왔기 때문에 아이는 또 무엇인가를 얻었을 것이다. '옛날의 그 아이'는 그 아이가 지나온 통과 지점에 지나지 않는다. 그러므로 그때로 되돌려 보내고 싶다는 생각은 버려야 한다. 그것은 아이가 지금까지 애써서 잘 왔다는 사실을 무시하는 것이며, 편안하게 걸어오던 어린이 전용 도로로 돌아가서 그냥 서 있으라고 말하는 것과 같다.

사춘기 아이는 좌절하기도 하고 후퇴하는 모습을 보이기도 한다. 그래도 부모는 그 자체가 성장하는 모습이라고 받아들여야 한다. 바로 이것이 부모가 견지해야 할 자세이다.

부모가 흔들리지 않아야 아이가 빨리 안정을 찾는다

사춘기는 아이가 흔들리고 불안정해지며 의욕을 잃어버리는 시기이다. 그래서 부모는 지금까지 해온 것 이상으로 더더욱 '어른'다운 모습을 보여야 한다. 그리고 '어른'의 시선으로 아이를 지켜보아야 한다.

아이에게 안정감을 주려면 부모가 흔들리지 말아야 한다. 예컨대 아이가 원하는 고등학교에 들어가지 못하고 떨어졌다거나 학교에서 따돌림을 당하고 있다는 것을 알았다고 해보자. 이때 무엇보다 중요한 것은 그래도 변함없는 일상생활이 언제나 여기에 있다는 것을 알려주는 것이다. 물론 부모가 아이 못지않게 실망하는 경우도 있을 것이다. 그러나 그렇다고 해도 부모는 그것을 꾹 참고 안정적인 일상생활이 유지되도록 해주어야 한다.

아이가 집에 돌아왔을 때 언제나 준비되어 있는 따듯한 밥, "냉장고에 네가 좋아하는 딸기도 있다."는 어머니의 다정한 목소리와 작은 배려, 웃는 얼굴로 나누는 가족의 대화 같은 것 말이다. 아이의 흔들림은 이런 것만으로도 크게 줄어들 수가 있다.

부모는 아이에게 불안해하거나 초조해하는 모습을 보이지 않는 것이 가장 좋다. 그러나 만약 숨길 수가 없다면 사실대로 전하는 것도 나쁘지 않다. 그런 모습을 보여주는 것이 어리석은 것은 아니다. 그러나 부모가 마치 아이처럼 흥분해서 "왜 더 열심히 하지 않았어!" 하고 야단을 치는 것은 문제가 된다. 그런 어린애 같은 솔직함을 보이라는 의미가 아니다.

부모는 아무리 충격을 받았더라도 우선 자기감정을 잘 정리해야 한다. 그리고 "엄마도 너처럼 충격을 받았단다." 또는 "너무 어려운 문제라서 어떻게 하면 좋을지 아직 잘 모르겠지만, 아무튼 함께 잘 생각해 보자꾸나." 하고 마음을 전해야 한다. 전하려는 내용은 정확하게, 그리고 어조는 차분하고 냉정하게. 그런 태도가 바로 '어른'의 자세인 것이다.

과연 이것이 어려운 일일까? 사실 부부관계가 제대로 구축되어 있다면 그다지 어려운 일이 아니다. 아이에게 솔직한 마음을 드러내기 전에 아내가 먼저 남편에게 불안한 마음을 털어놓고 흥분을 가라앉힐 수가 있기 때문이다. 물론 반대로 남편이 불안을 크게 느끼는 경우에는 우선 아내와 이야기를 나누고 마음을 차분히 정리할 수도 있다.

사실은 아이가 부부에게 질문을 던진다고 말한 것이 바로 이것이다. 다시 말해, 이것이 바로 부부가 아이에게 받은 질문의 답을 구하는 장면인 것이다.

실제로 아이 문제로 불안해지면 부부 사이마저 나빠지는 경우가 적지 않다. 이때 아이는 자기 때문에 엄마 아버지 사이가 나빠졌다고 여겨 더 안정감을 잃어버린다. 이런 경우가 바로 악순환의 극치라 하겠다.

부모 외에
다른 '어른'이 필요하다

또 한 가지 알아 두어야 할 것은 부모만 어른의 모델이 아니라는 것을 아이에게 잘 가르쳐줄 필요가 있다는 것이다. 사춘기 아이에게는 주변에 알고 지내는 어른이 많으면 많을수록 좋다. 부모와 선생님 이외에 신뢰할 수 있는 어른이 있다면, 아이의 세계는 그만큼 넓어지고 안정감을 갖게 된다.

나는 중학생 때 어머니의 사촌언니인 이모님 댁에 종종 놀러가곤 했다. 이모님 댁에는 아이가 없어서 집이 늘 조용하고 깨끗했는데, 나는 거기서 이모님께 온갖 이야기를 주절주절 늘어놓곤 했다. 학교에서 있었던 일, 내가 읽은 책 이야기, 조금씩 보이는 바깥 세계 이야기, 미래를 향한 결심 등등. 이모님은 언제나 얼굴에 따뜻한 미소를 짓고 몇 시간이고 내 이야기를 들어주셨다.

당시에 나는 고등학교 입시를 준비해야 한다는 압력 때문에 어머니에게 반항적인 마음을 품고 있었다. 그처럼 어머니한테서 벗어나고 싶어하는 불안정한 내 마음을 이모님이 잘 감싸 주셨던 것이다. 또한 이모님은 나를 어린애로 취급하지 않고 한 사람의 어른으로 바라보아 주셨다. 그런 관계가 소년에서 청년으로 변해 가는 내 마음의 성장에 커다란 역할을 해 주었다.

이모님 댁에서 나누었던 대화는 나의 불안정한 마음을 정리하는 데에 큰 도움이 되었다. 부모에게는 이런저런 이야기를 늘어놓기 어려운데, 참으로 소중한 곳이었다는 생각이 든다. 조금 더 이야기하자면, 이모님 댁은 우리 집과 조금 문화가 달랐다. 그리고 이모님이라는 한 여성은 어머니도 아니고 누나도 아닌 새로운 여성의 모델로 계속 내 마음에 남아 있다.

어떤 부모도 사춘기 아이가 100퍼센트 만족할 수 있는 '어른'이 되기는 어렵다. 아이 주변에는 그런 부족한 부분을 메워줄 수 있는 또 다른 어른들이 필요하다.

아이가 보내는 SOS 신호를 잘 알아차리자!

사춘기 아이의 마음에 문제가 생겼을 때, 그것이 아이 선에서 그치지 않고 주변 사람들을 끌고 들어가 커다란 문제로 발전하는 경우가 있다. 등교 거부, 따돌림, 가정 폭력 같은 문제들이 발생하는 것이다. 그런데 이런 문제는 어느 날 갑자기 일어나는 것이 아니다. 아이는 반드시 그 전에 어떤 형태로든 부모나 선생님에게 SOS 신호를 보낸다. 그러나 그것이 직접적인 언어로 표현되는 것이 아니어서 오히려 그 신호 때문에 더 야단을 맞게 되는 경우도 많다.

집 안에서 아이가 보내는 대표적인 SOS 신호를 몇 가지 소개할까 한다. 이런 모습이 눈에 띄면 반드시 SOS 신호라는 것을 알아차리기 바란다.

공부나 성적과 관련된 신호

- 학원이나 개인교습을 그만두고 싶어한다.
- 공책 필기나 정리 상태가 엉망이다.
- 성적이 갑자기 떨어진다.

공부하는 태도나 성적의 변화는 아이 마음의 변화를 잘 반영하고 있다. 성적이 떨어졌다든가 하는 문제가 생기면 그냥 야단을 칠 것이 아니라 배후의 원인을 생각해보아야 한다. 대개 다음과 같은 2가지 문제가 눈에 띌 것이다.

❶ 아이의 마음이 지금 공부할 상황이 아니다.

❷ 아이의 마음이 공부나 학교에서 멀어진 상태이다.

❶의 경우는 친구가 없거나 따돌림을 당하는 '학교에서의 문제' 또는 부모의 불화와 같은 '가정 문제'의 2가지 상황에 해당한다. 마음의 에너지가 고갈된 채로 기진맥진한 상태일 가능성이 있다.

❷의 경우는 혹시 공부를 따라가지 못하고 있는 것이 아닌지 살펴볼 필요가 있다. 단순히 수업 내용을 이해하지 못하는 문제뿐만이 아니다. 선생님과 관계가 나쁘지는 않은지, 교실에서 겉돌고 있는 것은 아닌지, 친구 관계가 나쁜 영향을 미치고 있는지 등을 살펴보아야 한다.

말로 보내고 있는 신호

● 학교생활의 불평불만을 늘어놓는다.
● "학교 안 갈래. 가기 싫어."라는 말을 한다.

집에서 아이가 "선생님이나 친구가 싫어." 또는 "피곤해.", "따라가기가 힘들어." 하고 불평을 늘어놓는 경우가 있다. 이것은 아주 알기 쉬운 신호에 속한다. 이런 말을 그냥 흘려듣거나 "네가 잘못했으니까 그렇지." 하고 부정하지 말고 시간을 내서 확실하게 귀를 기울여 주어야 한다. 그러는 중에 아이가 말을 안 하고 있던 다른 이유가 드러날 수도 있다. 학교에 가기 싫어한다면 한층 발전된 단계일 수도 있다. 담임선생님과 상담을 하는 등 대응 방법을 생각해야 한다.

행동으로 보내고 있는 신호

● 유아처럼 퇴행하는 모습을 보인다.
● 갑자기 친구들과 잘 놀지 않으려 한다.
● 신경질이 늘었다.
● 형제자매를 못살게 군다.
● 식사량이 갑자기 줄었다.
● 잠을 잘 못 잔다.
● 자다가 놀라서 깬다.
● 틱 현상을 보인다.
● 말을 더듬는다.
● 애완동물이나 곤충 등에게 잔인한 행동을 한다.

아이 마음에 어떤 불만이나 불안, 스트레스가 쌓여 있으면 이런 행동으로 신호가 나타난다. 대체로 부모와의 관계나 형제 관계에 원인이 있는 경우가 많다. 부모가 형제를 차별하고 있는 것은 아닌지, 아이가 애정 결핍 상태는 아닌지, 방임 상태에서 외로움을 느끼고 있는 것은 아닌지, 부부 사이가 나쁘거나 싸움이 잦은 것은 아닌지, 아이를 너무 엄하게 다루고 있는 것은 아닌지 다시 한 번 되돌아볼 필요가 있다.

그러나 부모 마음에 여유가 없으면 아이의 이런 행동을 신호로 받아들이지 못하고 부적절하게 대응해버리는 경우가 많다. 이럴 때는 단단히 마음을 먹고 가족 간의 관계나 생활 방식 등을 다시 총점검하고 수정해야만 한다.

스스로 공부하는 힘이 평생 성적을 좌우한다

자기주도학습에 성공하는
6가지 원칙

내가 가장 하고 싶은 말은, 아이의 의욕 스위치를 누를 수 있는 사람은 오직 아이 자신밖에 없다는 것이다. 부모가 억지로 등을 떠밀고, 협박하고, 치켜세우고, 상금을 내걸고 해서 아이를 달리게 할 수는 있을 것이다. 그러나 전부 단기 효과에 그칠 뿐이다. 장기적으로 아이에게 행복을 가져다주는 방법이 아니라는 말이다.

그러면 그냥 내버려두면 될까? 물론 그것도 옳지 않다. 사람이 식물을 기를 때도 좋은 흙에 씨를 심고, 물을 주고, 때때로 잎과 가지를 솎아주고, 시든 꽃송이는 정리해준다. 게다가 잘 크라고 상냥하게 말까지 걸어준다. 부모가 해야 할 일이란 바로 이런 것이다. 또 식물은 무심하게 내버려 두면 말라 죽는다. 반대로 아무리 꽃 피는 것을 빨리 보고 싶어도 꽃봉오리를 붙들고 꽃잎을 하나하나 손으로 벌려놓을 수도 없다. 아이의 의욕을 북돋아주는 것도 이와 똑같다고 하겠다.

지금까지 해온 이야기를 정리하는 의미에서 '아이의 의욕을 길러줄 때 꼭 지켜야 할 중요한 것들'을 다음과 같이 정리해보았다.

① 유능한 협상가가 되라

일단 멈춰 서서 생각해보고 수정할 수 있는 힘이 있는가?

제1장에서도 이야기했지만, 아이가 가지고 있는 의욕과 부모가 아이에게 바라는 의욕이 방향이나 크기 면에서 서로 맞지 않는 경우가 많다. 아이는 결코 의욕이 없는 게 아닌데, 부모가 바라는 것과 다르기 때문에 아이의 의욕 탓을 하는 것이다.

의욕의 방향과 크기가 다른 경우에 부모가 흔히 취하는 태도는 다음과 같이 3가지로 나타난다.

❶ 부모가 바라는 방향과 크기를 아이에게 계속 기대한다.

❷ 아이가 하고 싶다는 대로 맡겨둔다.

❸ 일단 멈춰 서서 생각해보고 수정한다.

①의 경우에는 부모의 마음을 잘 헤아려서 나름대로 노력하는 아이도 적지 않다. 그러나 에너지가 부족하다면 아무리 노력해도 바라는 대로 되지 않고 괴롭기만 할 것이다. 또 아이 자신이 바라는 것과 다른 길로 가게 됨으로써 아이가 언젠가 후회하게 될 수도 있다.

또 아이에 따라서는 부모에게 반발하는 경우도 있다. 그중에는 "부모

님이 뭐라 해도 나는 나의 길을 갈 테다." 하며 강하게 밀어붙이는 아이도
있을 수 있다. 그러나 부모에게 반발하는 데에 모든 에너지가 소진되어 자
기가 가려고 했던 길에서 전력질주하지 못하고 끝나는 아이도 적지 않다.

②의 경우 탐구심이나 호기심이 풍부한 아이라면 자발적으로 공부할
수도 있다. 부모의 간섭이 없기 때문에 오히려 자기 나름대로 목적하는
바를 찾아내고 스스로 즐거움을 발견하는 아이도 있다. 반면에 자기가 무
엇을 하면 좋을지 모르고 그저 멍하게 시간만 보내는 아이도 있고, 자기
가 정말로 좋아하는 것이 아니면 아무것도 안 하려는 아이가 되어버리는
경우도 있다.

가장 바람직한 것은 ③의 경우이다. 부모와 아이가 바라는 것이 서로
일치하지 않는다는 것을 깨달았다면, 일단 멈춰 서야 한다. 그리고 부모
는 아이가 원하지 않는 것을 억지로 시키고 있는 것은 아닌지 또는 아이
의 능력 이상을 바라고 있는 것은 아닌지를 잘 생각해보아야 한다. 그런
다음에 수정해나가는 것, 이것이 중요하다. 아이와 함께 이야기를 나누고
서로 바라는 것을 타협해 갈 때 비로소 아이와 부모의 어긋남을 최소화할
수 있기 때문이다.

아이의 의욕이 달려가는 방향을 인정하지 못하는 부모들

그러나 현실적으로는 ①의 경우에 해당하는 부모가 상당히 많다. 그리하
여 제3장에 등장했던 A나 B와 같은 사례가 발생하는 것이다. 설사 이 아
이들과 같은 문제 행동을 하지는 않았다고 해도 아이의 인생이 부모 생각

대로 잘 진행되지 않는 경우가 흔히 있다.

큰 개인병원 원장 아들 F의 경우가 그랬다. F는 공부도 잘하고 운동도 잘하고 리더십도 있었다. 그렇게 고등학교에 갈 때까지는 부모가 바라는 대로 잘 자랐다. 그런데 고등학교에 들어와서 만나게 된 음악이 아이의 인생을 바꾸어버리고 말았다. 아이가 록 음악의 매력에 사로잡혀 친구들과 밴드를 결성하고 기타에 빠져든 것이다. 소질이 있었는지, 음반 회사가 주최하는 밴드 콘서트의 지방 대회에서 입상을 하는 등 꽤 좋은 성적을 거두고 있었다.

그러나 부모는 그런 아이를 인정할 수 없었다. 아이는 의대에 가지 않고 기타리스트가 되고 싶다는 뜻을 밝혔다. 그러나 부모는 의대 진학을 강요하며 양보하지 않았다.

처음에는 병원 후계자가 필요해서 그러나 싶었다. 그러나 F에게는 연년생의 남동생이 있었다. 동생은 F 이상으로 공부를 잘해 부모가 바라는 대로 의대에 들어가 병원을 물려받을 준비를 하고 있었다. 그러면 형은 하고 싶은 것을 하게 해주어도 되지 않을까? 그러나 부모는 "클래식 음악이라면 이야기가 또 다르다. 왜 하필 록이냐?" 하고 물었다. 결국 가치관이 달라서 이해가 불가능했던 것이다.

부모에 대한 반발심이 꿈을 이루는 데 필요한 에너지를 갉아먹는다

결국 F는 부모가 바라는 의대에 가지 않고 문과계 학과에 들어갔다. 그와 동시에 집을 나와 아르바이트를 시작했다. 그러나 학업도 음악도 결과가 별로 신통치 않았다. 그러다 결국 F는 대학을 중퇴했고, 고등학교 때 결성했던 밴드도 해산되기에 이르렀다. 꿈을 완전히 포기하지도 못하고 새로운 길로 들어서지도 못한 채 20대 후반인 지금도 아르바이트를 하며 생활하고 있다.

F의 실력이 그 정도밖에 안 되기 때문이라고 보는 견해도 있을 수 있다. 하지만 만약 아버지가 "네가 원하는 세계에서 마음껏 해보아라."라는 말 한마디만 해주었더라면 상황이 달라졌을지도 모른다. 무엇보다 나름대로 열심히 음악을 해볼 수 있었을 것이다. 그리고 하다가 안 되면 포기하고 취미로 음악을 할 수도 있었을 것이다. 꿈을 이루지 못하더라도 그것을 인생의 밑거름으로 삼아 새로운 길로 한걸음 내딛을 수는 있었을 것이라는 이야기다. 그러나 F는 부모에 대한 반발심 때문에 다른 길을 찾아볼 생각조차 하지 못했다.

F는 결코 의욕이 없는 아이가 아니었다. 내가 보기에는 부모가 바라는 의사가 되지 않더라도 다른 형태로 성공할 수 있는 아이였다. 그러나 지금은 음악도 어정쩡한 상태이고 취업도 할 수 없는 지경이 되었다. 이미 수렁에 깊이 빠져 헤어나지 못하고 있다.

착한 아이일수록 부모의 기대에 어긋나면 괴로워한다

"부모가 반대했다고 실패한 책임을 부모에게 돌리는 것도 우습지 않은가? 부모의 의견을 무시하고 자기 힘으로 꿈을 이룬 사람들도 많다." 이렇게 말하는 사람도 있을 것이다. 물론 그럴 것이다.

그러나 만약 반대한 사람이 아버지뿐이었다면 F가 이렇게 힘들지는 않았을 것이다. 최소한 어머니만이라도 격려를 해주었다면 조금은 달라졌을지 모른다. 그러나 F의 부모는 가치관이 똑같았다. 어머니 역시 의사 딸이었고, 뒤에서 보이지 않게 남편을 내조했다. 부부 사이도 좋았고, 거기에 흔들림이란 없었다.

게다가 F는 어렸을 때부터 아주 착한 아이였다. 가족들을 사랑했고, 의사로서 지역 사회의 신망을 얻고 있는 아버지를 존경했다. 성실한 노력파이자 가족을 소중히 여기는 부모와 그 부모의 기대를 저버리지 않는 동생. 부모가 바라는 길로만 F가 갔더라면 평화롭고 사랑이 넘치는 가정에 아무런 풍파도 일어나지 않았을 것이다. 그래서 F는 더더욱 그 괴로움에 에너지를 빼앗겼고, 결국은 좋아하는 길로도 나아가지 못하고 말았던 것이다. 이것이 애정의 무서움이다.

만약 부모와 아이가 바라보는 방향이 달라지는 일이 생긴다면 절대로 부모가 아이에게 걸음을 맞춰주어야 한다. 그렇지 않으면 아이가 길을 잃고 헤맬 때 방향을 가리켜주는 불빛조차 꺼져버리기 때문이다.

② '공부할 마음'이 생기게 하는 대화법을 익혀라

아이의 의욕이 무엇을 가리키고 있는지 깊이 생각해보자

바로 앞에서도 이야기했지만, 아이의 의욕을 공부를 향한 의욕으로 한정지어 생각하지 말아야 한다.

본래 의욕 스위치는 자기 자신이 눌러야 하는 것이다. 그런데 공부에 대해서만큼은 상을 주거나 위협을 하거나 경쟁심을 조장하는 방법으로 즉시 효과를 보려는 경우가 많다. 그래서 더 무서운 것이다. 부모는 "이렇게 하면 좋겠다." 싶은 생각이 들면 어떻게 해서든 아이를 지배하고 조작해서 원하는 방식으로 끌고 가려 한다.

부모에게 지배당하고 조작당한 아이는 사춘기 이후 반항적인 행동을 보이는 경우가 많다. 그중에는 부모에게 휘둘려 온 자신을 발견하고 부모를 휘두르려는 행동을 일삼는 경우도 있다.

아이의 의욕을 놓고 진지하게 생각해보기 시작한 아버지와 어머니들에게 부탁하고 싶은 것이 있다. 부디 반성적인 태도로 접근하라는 것이다. 지금 부모의 마음속에는 "우리 아이한테 무엇인가 할 의욕이 과연 있는 걸까?" 하는 의문이 싹트고 있을 것이다. 그 질문을 직접 아이에게 하기 전에 자기 자신에게 이런 질문부터 던져보시기 바란다. "왜 공부를 해야 하나?" "우리 아이가 공부에 소질이 있는 걸까?" "어떻게 해야 행복해질 수 있을까?" 그리고 그 답을 잘 생각해보시기 바란다.

먼저 아이의 행복을 바라면 공부할 마음은 나중에 따라온다

공부, 성적, 학력, 사회적 지위라는 것에 대해 사람들이 갖고 있는 생각은 다 다르다. 좋은 성적, 좋은 대학, 좋은 직장이 매력적이라는 것은 분명한 사실이다. 하지만 그렇지 않더라도 행복한 사람이 아주 많다. 또 좋은 성적에 좋은 대학, 좋은 직장을 다니고 있는데도 불행한 사람 역시 그만큼 많을 것이다.

부모는 좀더 넓은 시각으로 아이를 보아야 한다. 예를 들자면 아이에게 성실한 사람 또는 친절한 사람이 되어주기를 바라야 한다. 대학이나 직업 같은 것에 한정된 소망을 가지면 안 되는 것이다. 그것은 아이를 지배하려는 욕구에 지나지 않는다. 또 그것이 부모의 아킬레스건이 되기도 한다. 어떤 환경에서든 자기가 자기 자신을 행복하게 만들 수 있는 사람으로 성장하는 것, 그것이 부모가 아이에게 바라는 전부여야 한다. 거기까지 이르는 길은 아이가 스스로 결정하는 것이다.

"네가 행복하면 된다."고 부모가 바라면 그때 아이의 마음속에서 의욕이 솟아나기 시작한다. 자기 자신의 모습이 있는 그대로 받아들여진다는 것은 그만큼 커다란 힘이 되는 것이다. 이어서 '공부할 마음'이라는 것이 반드시 뒤따라올 것이다.

공부를 바라보는 올바른 시각

앞에서 공부에 대한 의욕이 전부가 아니라는 이야기는 했다. 그런데 이때 주의해야 할 것은 "우리 애는 공부를 싫어하니까."라든지 "우리 애는 공부를 못해요."라고 단정을 지으면 안 된다는 것이다. 어디까지나 바로 지금 그렇다는 이야기일 뿐, 앞으로 얼마든지 달라질 수 있기 때문이다.

또한 어떤 아이든지 공부할 생각이 들 때가 있는 법이다. 자기가 좋아하는 것을 발견했을 때, 장래의 목표를 결정했을 때, 흥미를 느끼는 분야가 생겼을 때, 갑자기 맹렬하게 학습 의욕을 불태우는 아이를 많이 보았다.

한편, 부모들은 아이가 공부하기를 바란다. 왜 공부를 해야 하나? 좋은 학교, 좋은 직장에 들어가기 위해 공부를 잘하기를 바라서는 안 된다. 어른이 되었을 때 자신을 받쳐주는 지성을 갖추기 위해 공부를 잘해야 하는 것이다.

사회에 나가면 다양한 상황에 부딪치게 된다. 그에 적절히 대응할 수 있는 사고 능력이 필요하다. 창조적으로 생각하는 힘, 현실적으로 생각하는 힘, 객관적으로 생각하는 힘, 끈질기게 파고들며 생각하는 힘, 전략적으로 생각하는 힘, 긍정적으로 생각하는 힘, 대범하게 생각하는 힘, 돌이켜 생각하는 힘, 공동 작업을 할 때 타인과 함께 생각하는 힘, 세상에 필요한 것을 생각하는 힘, 상식의 껍질을 깨고 생각하는 힘, 예리하게 관찰하며 생각하는 힘, 늘 배우는 자세를 잃지 않으며 경우에 따라서는 생각을 수정하고 전환하는 힘 등이 필요하다. 이런 힘은 공부하는 과정에서 향상된다.

③ 아이가 보내는 SOS 신호를 알아차린다

의욕 없는 아이가 보내는 몇 가지 신호

아이가 의욕 스위치를 누를 수 있도록 부모가 도와주어야 할 때도 있다. 아이의 주변 환경이 의욕이 솟아날 수 있는 상황이 아닐 때가 바로 그런 경우이다. 정도가 심할 때는 부모의 도움이 필요하다.

혹시 아이가 갑자기 의욕을 잃어버렸거나 성적이 뚝 떨어졌다면, 그리고 옷차림새가 단정치 못하다면, SOS 신호일 가능성이 있다. 부모는 아이의 평소 모습을 잘 관찰하고, 그런 상황에 빠지게 된 원인이 무엇인지 찾아내야 한다. 이때 부모가 친구 관계, 선생님과의 관계, 학원이나 특기교육 등에 대해 어디까지 알고 있느냐 하는 것이 중요하다.

아이에게 의욕이 없는 것이 만성적인 무력감 때문인 경우도 있다. 늘 다른 형제와 비교를 당한다든지, 학교에서 선생님한테 야단을 자주 맞는다든지, 노력해도 결과가 잘 안 나온다든지 하는 문제가 있을 때 영향을 받는다. 그 외에 가정불화나 부부 사이가 나쁜 것이 원인일 수도 있고, 공부를 너무나 열심히 한 나머지 지쳐서 그렇게 되는 경우도 있다.

문제를 짚어갈 때, 이런 내용들을 종이에 써서 정리해보는 것이 도움이 될 것이다. 또 아이와 특별활동을 같이 하는 아이의 부모에게서 정보를 구하는 것도 한 방법이다.

아이와 대화할 때 야단맞는다고 느끼지 않도록 한다

나름대로 알아보아도 원인을 알 수 없을 때는 아이에게 솔직하게 물어보는 것도 좋다. 이때 말을 신중하게 해야 할 필요가 있다. 특히 "왜?" 또는 "어떻게 하다가?" 같은 말은 피하는 것이 좋다. 이런 말은 이유를 물어볼 때보다 야단칠 때 자주 사용하는 경향이 있기 때문이다.

'너'가 아니라 '나'를 주어로 이야기하는 것도 중요하다. 그러니까 "너는 왜 아무것도 할 생각을 안 하니?"가 아니라 "나는 아무것도 할 생각을 안 하는 네가 걱정스럽다."고 이야기해야 한다는 말이다. "네가 힘이 없어

보여서, 왜 그럴까 하고 아버지하고 같이 생각해 봤단다. 혹시 학교에서 무슨 일이 있었던 것이 아닐까 하고 말이야.” 하는 식으로 말해보는 것도 좋다. 그런 식으로 말을 걸고 난 다음에 “왜 그랬는데?” 하고 물어보자.

다시 정리하자면, 우선 부모가 모든 가능성을 생각해본 다음에, 아이에게 “걱정이 되는구나.” 하는 마음을 전하는 과정을 거친다. 그런 후에야 “왜?” 또는 “어째서?”라는 질문을 던져야 한다는 말이다. 덮어놓고 “왜?” 하고 물으면 아이는 쉽게 대답을 하지 못한다.

원인을 찾아냈으면 해결하려는 노력을 해야 할 것이다. 만약 집안이 불안정하고 가정불화가 있다면, 어떻게 해야 어른들 문제에 아이가 휘말리지 않을 수 있는지를 생각해야 한다. 아이의 친구관계 같은 문제는 부모가 어떻게 해주기 어렵다. 그러나 가정을 마음 편히 쉴 수 있는 곳으로 만들어주는 것은 부모가 할 일이다. 부모가 함께 고민해준다면 그것만으로도 아이는 커다란 마음의 에너지를 얻을 것이다.

④ 3일 만에 공부습관 잡는 비결

'3'의 힘을 가르친다

앞에서 이야기한 것과 같은 문제도 없고 공부를 바라보는 시각이 제대로 잡혀 있는 아이라면 그다지 걱정할 게 없다. 부모는 “언젠가 때가 되면 공부를 하겠지. 그런데 어떤 요소가 이 아이의 의욕 스위치를 누르는 계기가 될 수 있을까?” 하고 느긋하게 기다려주면 된다.

"하지만 아이 성적이 자꾸 떨어져서 걱정이에요. 어떻게 해줄 수 있는 게 없을까요?" 하는 부모도 있을 것이다. 이런 경우에는 스위치가 들어오도록 도와줄 수도 있다. 아이가 계획을 세우도록 돕는 것이다.

우선 부모가 "이거, 수학이 꽤 어려워졌는걸. 중학교 올라가서 잘 따라가려면 어떻게 하는 것이 좋을까?" 하고 말을 걸어보자. "그러게 말이에요." 하고 아이가 긍정적인 반응을 보이면 앞으로 어떻게 학습 계획을 세워 가면 좋을지 생각해보도록 이끌어준다. "몰라." 하는 대답이 돌아온다면 아직 때가 되지 않았다고 보아야 하겠지만 말이다.

그러나 학습 계획을 세웠다 하더라도 결과는 대부분 실패로 돌아간다. 부모가 보기에 무모하기 짝이 없는 계획만 늘어놓는 경우도 있을 것이다. 그러나 처음부터 부정하지 말고 3일 동안은 옆에서 지켜봐준다. 작심삼일이라고, 대개 3일 만에 실패로 돌아갈 것이다. 그러나 중요한 것은 "3일밖에 못 갔다."고 탓을 할 것이 아니라 "3일이나 계속했구나." 하고 기뻐해주어야 한다는 것이다.

3일 동안 계속했으면, 다시 3일 동안 계속하고, 또 이어서 3일을 계속하도록 한다. 그리고 그 다음에는 3주를 목표로 계획을 세운다. 3주 계획에 성공했으면 다음은 3개월 계획을 세운다. 3개월 계획이 성공했다면 이미 아이에게 공부하는 습관이 만들어진 다음이다.

3개월만 할 수 있다면 이미 '성공'한 것이라고 아이에게 미리 전망을 제시해주자. "우선 3일, 다시 3일, 그리고 또 3일. 이렇게 작심삼일을 여러 번 하면 3주가 금방 갈 거야." 하는 말을 덧붙인다면 아이는 더욱 안심

할 것이다.

이와 같이 아이가 무력감을 느끼지 않게 해주어야 한다. 하지 못했다는 경험이 아니라 조금이라도 했다는 경험이 무엇보다 중요하다. 아직 초등학교 고학년 정도라면 이런 방법으로 조금씩 탄성이 생길 것이다. 중학생이라고 하더라도 다양하게 궁리해보면 아이를 일으켜세울 수 있는 방법이 보일 것이다.

아이에게도 자존심은 중요하다

모든 분야의 공부를 다 못하는 아이는 없다. 반드시 잘하는 것이 있고 못하는 것이 있다. 아이가 부모에게 도움을 청하면 반드시 아이의 조력자가 되어 주자. 잘하는 것과 못하는 것을 하나하나 써가면서 무엇을 보충해야 하는지, 학습 계획을 어떻게 세우면 좋을지를 함께 생각해보는 것이다.

이때 중요한 것이 화를 내지 않는 것이다. "왜 이런 것도 아직 안 했어?" 하고 다그치면 모처럼 자기 약점을 솔직히 고백한 아이의 자존심이 구겨지게 된다. 아이는 두 번 다시 부모와 의논 같은 것을 하지 않으려 들 것이다.

이것은 또한 아이가 부모의 어른스러움을 시험하는 장면이기도 하다. 아이가 "캄캄해서 무서워." 하면 어른은 "괜찮단다." 하고 아이의 손을 잡고 함께 걸어가 주어야 한다. 공부가 어려워서 전혀 안 한 '캄캄한' 상태도 아이 입장에서는 똑같은 '두려움'이다. 이때 부모가 아이보다 더 불안해해서는 안 된다. 아이의 손을 꼭 쥐고 "괜찮아. 걱정 마." 하면서 등을 감싸주며 걷는 어른, 바로 그런 어른이 되어야 한다.

진로 문제를 의논할 때는 이렇게

진로나 직업 이야기를 함께 나눌 때

아이들은 자기가 공부하는 방식이나 학습 계획에 부모가 참견하는 것을 싫어하는 경우가 많다. 그러나 어떤 진로를 선택하는 것이 좋은지, 입시 준비를 어떻게 하면 좋은지 하는 문제는 대부분 부모와 의논한다.

물론 그럴 때는 기꺼이 의논 상대가 되어주고, 부모의 의견을 말해주어야 한다. 그런데 이때 중요한 것이 밀어붙이지 않는 것이다. 어디까지나 선택권은 아이에게 있다는 것을 분명히 하고, 그런 다음에 부모의 생각을 이야기해 주도록 하자.

이때 아이에게 자기 생각을 잘 전달하기 위해 미리 정리해두어야 할 것이 있다. "자신이 어떤 길을 걸어왔나? 그 과정에서 무엇을 잃고 헤맸나? 지금은 어떻게 생각하고 있나?" 하는 문제들이다. 어쩌면 부모가 자기 자신을 되돌아보는 계기가 될 수도 있을 것이다. 자신의 마음을 향해 잘 물어보고, 아이의 성격이나 원하는 바를 잘 생각해보자. 그런 후에 나오는 말은 "세상이 알아주는 학교니까 가야 한다."라든지 "세상이란 그런 거야."가 아닐 것이다. 그러면 부모 이야기는 뜻 깊은 정보로 아이 마음에 깊이깊이 남게 될 것이다.

구체적으로 진로를 선택할 때는 부모의 의견이 다양한 형태로 나타날 것이다. "○○고등학교를 거쳐 ○○대학에 가면 좋겠다."고 단도직입적으로 말하는 부모도 있을 테고, "어디를 가든 다 좋지만, 들어가서 후회할 것 같은 학교라면 안 가는 게 낫다."고 에둘러 말하는 부모도 있을 것이다. 부모의 생각을 전하는 방식이야 어떤 쪽이든 상관없다. 그러나 왜 그런지 그 이유만큼은 확실히 설명할 수 있어야 한다. 하늘의 말씀도 아니고 부모 자신의 생각이니 말이다. 과연 얼마나 설득력 있게 이야기할 수 있을 것인가 하는 것은 전적으로 부모의 역량에 달렸다 하겠다.

부모가 알아서 챙겨주지 않는다

진로나 진학 문제를 생각할 때 이런저런 정보가 필요하다는 것은 두말할 것도 없다. 그렇다고 해서 부모가 다 알아서 정보를 제공해서는 안 된다. 정보를 입수하는 방법은 물론 어른들이 더 잘 안다. 그래서 아이가 들어가려는 학교의 안내서나 서류 등을 이것저것 수집해서 "자, 여기 있다." 하고 내주고 싶을 것이다. 그러나 그런 일을 아이가 하도록 시키는 것이 중요하다.

요즘에는 대학 입학 서류도 부모가 전부 알아보고 써서 제출하는 경우가 있다고 한다. 그것은 아이가 자립할 수 있는 기회를 박탈해버리는 행위이다.

스스로 움직이려 하지 않는 아이라면 "학교 자료는 인터넷으로 접수하면 보내준다고 하더라. 한번 해볼래?" 하고 권해 보는 것도 좋다. 또 "어떻게 접수하면 돼?" 하고 물으면 방법을 가르쳐주면 될 것이다. 인터넷에 다양한 정보가 나와 있으니 아이가 재미있어하며 찾아볼 수도 있다. 정보를 앞질러서 제공해주면 아이에게 흥미나 의욕이 생기기 어렵다.

⑥ 아이의 약점을 극복하려고 애쓰지 않는다

약점을 극복하도록 도와주는 요령

의욕이라는 것은 아주 미묘해서, 여러 조건이 다 갖추어져 있어도 자기 자신이 자신감을 느끼지 못하면 솟아나지 않는다. 두려움 때문에 발이 얼어붙어서 앞으로 나아가지 못하는 것이다.

자신감이란 "나는 할 수 있다!"고 여기는 자아상의 높이와도 같다. 또 마음의 토대와도 관련이 있다. 그래서 마음속에 동그라미가 적게 그려져 있으면 자아상이 낮고 자신감이 없으며 의욕도 솟아나지 않는다.

사람에게는 누구나 약한 부분이 있다. 아이들도 마찬가지이다. 이럴 때 부모는 그저 아이가 어서 빨리 약점을 극복하고 자신감을 가질 수 있게 해야겠다는 생각이 앞선다. 그러나 아무리 노력해도 극복할 수 없는 점이 있는 법이다. 그런 벽에 부딪치면 아이는 극복하는 일이 너무 힘들어서 점점 의욕을 잃어버리게 된다.

이때 약점을 극복하는 노력 대신 잘하는 부분을 살려주는 쪽으로 방향을 전환하는 것은 어떨까? 예컨대 넓이뛰기를 잘 못하는 아이가 있다고 해보자. 이 아이에게 매일 넓이뛰기 연습을 시키는 것이 아니라 근육 트레이닝을 시키는 것이다. 그 결과 근육 운동이 어느 날 넓이뛰기 능력을

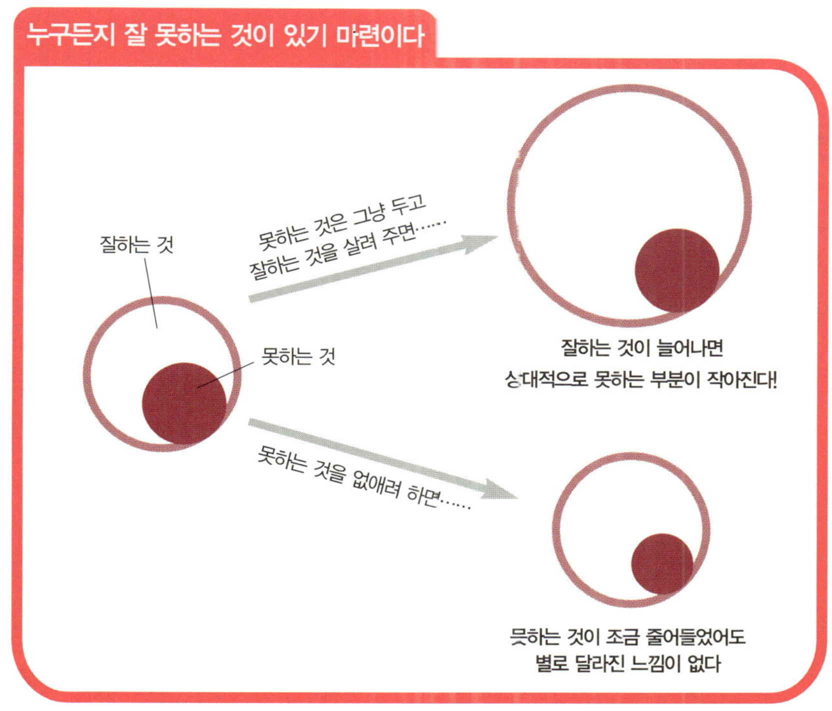

향상시키는 경우가 있다. 물론 몸이 더 성장하여 넓이뛰기를 무리 없이 할 수 있을 때까지 기다리는 방법도 있을 것이다.

이처럼 잘하는 부분을 살려주면 결과적으로 부족한 부분이 보강되고 약점이 줄어들 수 있다. 혹시 공부를 못하더라도 그밖에 잘하는 것이 있으면 못하는 부분이 보완될 뿐 아니라 그 이상의 무엇이 생기는 것이다.

공부를 못해도 자아상은 낮아지지 않는다!

아이의 성적이 그다지 좋은 편이 아니라면 아이의 자아상을 높일 수 있도록 가정에서 더더욱 배려를 해야 한다. 요즘에는 아무리 성격이 나빠도 공부만 잘하면 된다고 생각하는 사람이 많다. 성적이 안 좋은 아이들에게는 참 힘든 세상이다.

집에서 한 발짝만 나서도 자아상에 상처를 주는 일들이 무수히 많이 일어난다. 그렇기 때문에 이런 아이에게는 밖에서 받은 ×표 이상으로 집에서 커다란 동그라미를 많이 쳐주어야 한다.

"엄마는 네가 아무것도 못하는 아이라고 생각하지 않는단다.", "너는 이것을 잘하잖아." 하고 분명하게 말해주자. 아이가 "난 잘하는 게 없어." 하더라도 의연하게 "엄마는 너를 그렇게 생각하지 않는단다." 하고 확실하게 전해주자.

그런 의미에서 아이를 든든히 지켜주는 사람이 많을수록 좋다. 부모만이 아니라 할아버지와 할머니, 동네 사람들 모두가 아이의 좋은 점을 찾아서 동그라미를 쳐주는 것이 중요하다.

아이의 마음에 동그라미를 쳐주는 방법은 다음 장에서 소개할 것이다. 마음의 동그라미가 의욕의 바탕이 되는 마음의 에너지를 공급해줄 것이다. 그것이 바로 열심히 살아가는 힘의 원천이다.

마지막으로 한 가지 덧붙일 것이 있다. 아이가 스스로 읽고 실천할 수 있는 '마음 에너지 공급법'이다. 아이에게 읽어보라고 하거나 어머니가 가르쳐준다.

열심히 해야 하는 줄은 아는데, 잘 안 된다고?

마음의 에너지를 충전하는 방법을 알려줄게

안녕! 난 강 박사라고 해. 네가 요즘 전혀 의욕이 솟아나지 않는 것 같다면 마음의 에너지가 부족해서 그런 것인지도 돌라.

마음의 에너지는 자동차가 달릴 때 필요한 연료 같은 것인데, "뭔가 해보자." 또는 "열심히 해야지." 하고 마음먹을 때 꼭 필요한 거란다. 아무리 운전 실력이 좋아도 연료가 없으면 그 능력을 발휘할 수 없는 법이지.

머릿속으로는 "열심히 해야 하는데." 하는 생각이 들지만 아무리 해도 몸이 안 움직여질 때가 있잖아. 바로 마음의 에너지가 브족해서 그런 것인지도 몰라.

마음의 에너지가 부족한 상태가 오래 이어지면 의욕이 없는 것으로 그치는 게 아니라 몸이나 마음에 병이 생길 수도 있어. 그래서 마음의 에너지가 더 중요한 거야.

마음의 에너지를 공급하는 방법이 있단다. 그 방법을 다음에 정리해 놨으니까 하고 싶은 것부터 실행해 봐. 그래서 마음의 에너지를 듬뿍 받아보자.

● 가족에게 어리광을 부려보자

"어린애도 아닌데 어리광이라니. 어떻게 그래?" 이런 생각을 할지도 모르겠다. 하지만 누구나 마음의 위기가 찾아오는 법이야. 그럴 때 가족에게 어리광을 부리는 것은 아주 중요하고 기본적인 거라고 생각해. 너의 가족이 네 어리광을 잘 받아준다면 참 좋겠다.

● 친구를 만들자

1명이라도 좋고 2명이라도 좋아. 친구를 만들어보자. 만약 아무도 없다면 선생님이나 옆에 있는 사람에게 친구가 되어달라고 해보는 거야. 단, 진짜 친구가 생길 때까지 만이야. 친구가 생기면 좋아하는 음악도 같이 듣고, 좋아하는 책도 같이 읽고, 즐거운 일들을 공유해보자.

● 친구와 이야기를 나누자

텔레비전이든 연예인이든 만화든 게임이든, 이야기의 주제가 뭐가 되든 상관없어. 신나게 떠들고 나면 기분이 좋아질 거야.

● 친구와 마음껏 놀아보자

때로는 어린 시절로 돌아가서 술래잡기나 숨바꼭질 같은 것을 해보자. 몸을 많이 움직이고 큰소리로 웃다 보면 몸 안에서 힘이 막 샘솟을지도 몰라.

● 칭찬을 받아보자

자기가 어떤 일을 잘 끝냈거나 잘하게 되었으면 아무리 사소한 것일지라도 선생님께 칭찬을 받아 보자. "선생님, 어제 축구 시합이 있어서 굉장히 피곤하고 졸렸거든요. 그런데 오늘 아침 5시에 일어나서 우리 조가 발표할 원고를 정리했어요. 저, 잘했죠? 그렇죠?" 하는 식으로 말이야. 아버지나 어머니한테 그렇게 해도 되냐고? 물론이지.

● 자기 자신을 칭찬하자

자기 자신한테 이렇게 말해보자. "나 말이야, 제법 열심히 하고 있는 것 같아." "친구들 중에서도 성실한 쪽에 속하잖아. 이만하면 괜찮지 않아?" "농구 실력이 작년에 비해서 이만큼이나 늘었다니. 우와, 멋져." 이렇게 자기가 노력한 것을 인정해주고 칭찬하는 거야. 자기가 노력한 것은 자기가 가장 잘 아는 법이니까 말이야.

● 친구를 칭찬하자

"○○야. 너, 지난번에 발표 굉장히 잘하더라. 멋있게 보였어." "△△야. 너, 그림 되게 잘 그린다." "지난번에 네가 동생을 잘 보살펴주는 모습을 봤어. 굉장히 의젓하더라." 이처럼 좋은 점이라고 생각되는 부분이 있으면 말로 표현해보자.

● 자신만의 즐거움을 만들어보자

이웃집 개를 귀여워해 보자. 잔디밭에 누워 하늘을 보자. 좋아하는 음악을 들어보자. 조금씩 저축을 해보자. 소설 쓰기에 도전해보자. 텔레비전 공개방송에 방청객으로 참가해보자. 자기가 좋아하는 세계가 있으면 그 세계를 더 깊이 알아보자.

● 누군가와 상담을 하자

부모님이든, 친구든, 선생님이든, 학원 선생님이든, 상담실 선생님이든 누구든 좋아. 마음이 답답할 때는 가서 이야기를 해봐. 용기를 내서 "잠깐 여쭤보고 싶은 게 있는데요." 하고 말해보는 거야.

● 푹 쉬어보자

건강한 몸은 건강한 마음의 기본이야. 피곤할 때는 의욕이 잘 안 생기는 법이지. 우선 푹 자자. 음악을 들으면서 아무것도 안 하고 뒹굴뒹굴하는 것도 좋은 방법이란다.

● 방 정리를 해보자

귀찮다고 생각할지도 모르지만, 책상 위나 책장을 깨끗하게 정리해보자. 잘 정리된 책상과 함께 마음도 깨끗해지거든. 벽에 붙여 났던 포스터도 바꾸고, 인형을 놓았던 자리도 바꿔 봐. 그렇게 적극적으로 기분 전환을 해보는 거야.

제6장

아이에게 필요한 칭찬의 말은 따로 있다

우리 아이의 좋은 점 목록

1. 우리 아이는 ___________를 잘한다.

2. 우리 아이는 ___________를 할 줄 안다.

3. 우리 아이가 언제나 ___________하고 있다는 점이 장하다.

4. 우리 아이가 ___________하다고 사람들이 칭찬한다.

5. 우리 아이는 ___________하는 솜씨가 뛰어나다.

6. 우리 아이의 좋은 점은 한마디로 ___________이다.

7. 나는 우리 아이의 ___________이 자랑스럽다.

8. 나는 우리 아이의 ___________을 굉장히 좋아한다.

9. 우리 아이의 ___________한 부분은 아버지를 닮아서 참 좋다.

10. 우리 아이의 ___________한 부분은 나를 닮아서 참 좋다.

아이의 장점 10가지를
망설이지 않고 쓸 수 있나요?

아이를 칭찬하는 것도 사실 그다지 쉬운 일이 아니다. 부모는 처음에 아기가 태어나면 건강하게 태어나 주어서 정말 고맙다며 기뻐한다. 또 아기가 똥을 싸도 "아이고, 잘했네." 하고, 트림을 해도 "아유, 착하지." 하고 칭찬한다. 그러던 부모가 언제부터인지 아이를 못마땅해하기 시작한다. 공부를 안 하네, 노력을 안 하네 하면서 말이다.

그러면 여기서 앞의 항목들을 살펴보자. 그리고 빈 칸에 들어갈 말을 써넣어 보자. 깊이 생각하면 안 된다. 그냥 떠오르는 대로 쓰면 된다.

10개 항목을 전부 망설이지 않고 쓸 수 있었다면, 평소에 아이의 좋은 점 찾기를 잘 실천하고 계시는 분이라고 할 수 있겠다. 무엇을 써야 할지 좀 고민하면서 썼다면, 아이의 좋은 점을 알고는 있지만 칭찬하는 습관이 없어서 그랬을 가능성이 있다. 자주 입 밖에 내어 말로 칭찬해주면 좋겠다.

아이의 의욕을 길러주는 데에 절대적으로 필요한 것이 아이의 자아상을 높여주는 것이라고 앞에서 말했다. 그런데 자아상을 높이려면 어떻게 해야 할까? 부모가 인정해주고, 칭찬해주고, 아이의 마음에 수없이 많은 동그라미를 쳐주면 되는 것이다. 이 장에서는 아이를 칭찬해주는 문제를 놓고 자세한 이야기를 해볼까 한다.

칭찬에 대해 오해하고 있는 것

참 이상한 것이, 사람들은 남의 결점을 찾아내는 말, 헐뜯는 말, 나무라는 말 같은 것은 별로 힘들이지 않고 쉽게 잘한다. 그런데 좋은 점을 말해보라고 하면 생각보다 쉽지 않아서 술술 안 나오는 사람이 많다.

원래 인간이란 존재가 남과 비교하면서 성장하는 습성이 있는 것 같다. "아, 아직도 멀었다.", "조금만 더 열심히 하면 따라갈 수 있을 거야." 하면서 말이다. 아마도 이것이 인류가 발전해 온 원동력이었을 것이다. 그렇기 때문에 잘 의식하고 있지 않으면 칭찬하기를 잊어버리기 쉽다.

얼마 전에 이런 이야기를 들은 적이 있다. 어느 초등학교 교장 선생님이 6학년 학생 하나하나에게 "너의 좋은 점은 무엇이냐?" 하고 물었다고 한다. 그런데 그 물음에 제대로 대답한 학생이 별로 없었다고 한다. 장점이 무엇이냐고 물었는데, 안 좋은 점만 늘어놓더라는 것이다. 여기서 집작할 수 있는 것이 하나 있다. 다른 사람에게 칭찬받고 인정받은 경험이 별로 없는 아이가 그만큼 많다는 사실이다.

그런데 칭찬에 대해 오해하는 사람들이 있다. 칭찬뿐만 아니라 야단치는 것도 중요하며, 칭찬만 해서 아이를 응석받이로 만들면 안 된다는 것이다.

오해하지 마시라. 아이를 칭찬한다는 것은 야단을 치지 않는다거나 무조건 응석을 받아주어야 한다는 뜻이 아니다. 칭찬한다는 것은 아이를 인정해준다는 것이다. 그리고 "열심히 했네.", "잘했네.", "그래도 괜찮다." 하는 말로 아이의 마음에 동그라미를 쳐준다는 것이다. 그리하여 아이의 마음에 에너지를 공급해준다는 것을 의미하는 것이다.

자신감을 키워주는
칭찬의 기술

그러면 무엇을 어떻게 칭찬해야 할까? 그 이야기를 하기 전에 칭찬에 두 종류가 있다는 것부터 알아보기로 하자.

하나는 아이의 행동을 칭찬하는 것이다. 아이가 어떤 일을 끝까지 해냈거나, 누군가에게 어떤 일을 해주었거나, 무엇인가 노력을 했을 때 "그거 참 잘했다." 또는 "열심히 했구나." 하고 인정해주고 동그라미를 쳐주는 것이다. 이것을 앞으로 '행동칭찬'이라고 부르자.

또 하나는 아이의 존재 자체를 칭찬하는 것이다. 특별히 무엇인가를 하지 않아도, 그저 옆에 있다는 것만으로도 칭찬해주는 것이다. 이것을 앞으로 '존재칭찬'이라고 부르자. 예를 들어보자. 아기는 아무것도 할 줄 아는 것이 없다. 그저 부모 얼굴을 계속 응시만 하고 있어도 "아이고, 영리해라." 칭찬을 받고, 똥만 싸도 부모는 "아이고, 참 잘하네." 하며 좋아한다.

행동칭찬과 존재칭찬은 물론 둘 다 중요하다. 그러나 특히 가정에서는 존재칭찬이 중요하다. 왜냐하면 "네가 있어서 기쁘구나. 고맙다." 같은 말은 가족 이외에는 해주는 사람이 별로 없기 때문이다.

누군가가 자기의 존재 자체를 인정해주고 있다는 것을 느낄 때, 아이는 그것만으로도 자신감이 높아지고 스스로 가치 있는 인간이라는 생각을 하게 된다. 자기 자신을 인정하고 자신감을 갖게 되는 것이다.

"정말 열심히 했구나."
"훌륭하게 잘했네!"
"달리기 잘하네."
"공부 잘하네."

자기가 한 행동을 칭찬받으면 아이는 의욕이 샘솟는다. 그래서 다음에는 더 잘해야겠다고 마음먹는다. 자기가 하고 있는 행동이 좋은 것이라는 것을 깨닫고, 앞으로도 계속해야겠다고 다짐을 하는 것이다.

"우리 딸이 있어서 엄마 아빠는 정말 기뻐."
"엄마는 네가 참 좋단다."
"네가 웃는 얼굴을 보면 정말 행복해."

아이의 존재 자체를 칭찬하면 자신을 긍정적으로 생각하는 마음이 길러진다. 스스로 가치 있는 존재라고 여기게 되는 것이다. 또 그 과정에서 다른 사람의 가치도 자연스레 깨닫게 된다. 그리하여 사는 것을 즐겁다고 느끼게 되고 인생의 충족감도 알게 된다.

'존재칭찬'이 부족하면
사춘기 이후 힘들어진다

존재칭찬이 부족해지면 어떻게 될까? 최근 10여 년에 걸쳐 일어난 청소년 사건을 보면서 느껴지는 것이 하나 있다. 가해 청소년들에게 인간으로서 갖추어야 할 중요한 요소가 결핍되어 있다는 점이다.

그중 하나가 사회적 능력이다. 자신의 생각을 남에게 전달하고, 사람들과 잘 사귀며, 행동의 결과를 예측해서 움직이고, 그때그때 상황을 적절히 판단하는 힘 같은 것 말이다. 그 아이들은 이런 지혜와 기술이 부족했다.

또 하나는 정서적 능력이 부족하다는 점이다. 다시 말해 남을 배려해주는 마음이나 따뜻한 감정, 사람의 슬픔을 함께 느끼는 힘 같은 것이 결여되어 있었다.

중요한 것은 이 두 가지 능력이 바로 존재칭찬을 듣고 자라면서 만들어진다는 것이다. 아이는 "괜찮아.", "사랑해.", "태어나 줘서 고마워." 하는 배려의 말을 들으며 자랄 때 남을 배려할 줄 아는 아이로 성장한다. 또 주변에서 소중하게 여겨 주기 때문에 그만큼 사회 속에서 자기의 입장을 잘 배워 간다.

이러한 존재칭찬은 특히 유아기에서 아동기에 이르는 동안에 넘치도록 해주어야 한다. 마침 그 나이는 존재칭찬을 해주기 쉬운 시기이기도 하다. 그런데 바로 그 시기에 존재칭찬을 별로 못 듣고 크는 아이가 있다. 물론 그렇다고 해서 당장 문제가 표면에 드러나는 것은 아니다. 심각해지는 것은 중학생이 된 이후이다.

아이가 그렇게 자라 사춘기가 되면, 마음속에 동그라미는 별로 눈에 띄지 않고 수년간 쌓여온 ×가 넘치게 될 것이다. 이렇게 되면 아이는 자기 자신을 별 가치 없는 인간이라고 여기기 시작한다. 그리고 제 몸과 마음을 함부로 굴리는 것이다. 이런 아이에게 어떻게 남의 마음이나 몸을 생각해주고 배려해주라고 바랄 수 있겠는가. 이미 마음이 딱딱하게 굳어 있어서, 그러면 안 된다고 아무리 나무라도 통하지 않는다. 자기 자신이나 남을 믿지 않기 때문에 야단을 맞을수록 점점 분노를 키워 갈 뿐이다.

그렇기 때문에 아이가 어렸을 때 아낌없이 마음에 동그라미를 쳐주어야 한다고 말하는 것이다. 이것을 했으니까 칭찬하고, 저것을 안 했으니까 칭찬하지 않는 것이 아니다. 필요한 것은 "그냥 거기 있어 주기만 하면 된다."고 하는 커다란 동그라미이다. 바로 이것이 아이의 마음을 건강하게 키워주고, 에너지를 듬뿍 공급해준다.

사춘기가 되어서야 존재칭찬이 부족했다는 사실을 깨닫는 경우도 있을 것이다. 그래도 크게 늦은 시기는 아니다. 시간은 걸리겠지만 "네가 있어 줘서 참 고맙다." 하는 마음을 끊임없이 아이에게 전하는 노력을 하면 된다.

약이 되는 칭찬
독이 되는 칭찬

칭찬을 할 때 잘 알아 두어야 할 것이 있다. 얼핏 보기에는 칭찬하는 것 같지만 오히려 아이의 마음 에너지를 빼앗아버리는 경우가 있기 때문이다.

그중 하나가 칭찬하면서 "1등 했으니까." 또는 "이겼기 때문에."라는 말을 쓰는 경우이다. 거기에는 살벌한 성과주의가 숨어 있다. 그렇게 칭찬을 받으며 자란 아이는 점점 1등이 아니면 안 된다는 고집이 생기게 된다. 그리하여 목표에 이르는 과정의 즐거움을 느낄 줄 모르게 된다. 물론 칭찬받는 순간은 즐겁다. 그러나 다음에 또 칭찬받으려면 더 좋은 결과를 얻어야 한다. 아이는 늘 이런 중압감에 시달릴 것이다.

두 번째는 야단을 쳐야 할 때에 칭찬을 하는 경우이다. 아이를 칭찬으로 키우는 것은 좋다. 그런데 그런 생각에 사로잡혀 주의를 주거나 야단을 쳐야 하는 상황인데도 칭찬을 하는 부모가 있다.

예컨대 2살짜리 아이를 생각해보자. 그 나이에는 언제 어디서든 자기가 하겠다고 나선다. 그럴 때 언제나 안 된다고 막지 않고 "그래, 한번 해보렴." 하고 시키는 것은 좋다. 하지만 그것은 어디까지나 집 안에서의 이야기이다.

요즘 붐비는 공공장소에서 쉽게 볼 수 있는 장면이 있다. 어린아이가 "내가 할래." 하고 조른다고 해서 무례한 행동을 허용하고 칭찬하는 어리석은 부모의 모습이다. 이런 행동은 주변 사람들에게 불편을 끼치는 것으로 끝나지 않는다. 결과적으로 아이가 사회성을 배울 수 있는 기회를 부모가 빼앗은 셈이 되기 때문이다. "여기는 사람이 많고 복잡하니까 집에 가서 하자." 하고 아이를 가르치는 것도 부모의 중요한 역할이라는 것을 반드시 알아두자.

세 번째는 부모가 대가를 바라고 칭찬하는 경우이다. 부모 중에는 칭찬을 해서 아이를 원하는 대로 움직이려고 하는 경우가 있다. 그러나 그런 계산에서 나온 칭찬은 아이의 마음에 불신감을 키워 준다.

어렸을 때는 그런대로 통할 수가 있었을 것이다. 그러나 점점 성장하면서 아이도 그 마음을 간파하게 된다. "그럴듯한 말로 또 나를 마음대로 하려고 하시네." 하고 말이다. 그 반작용이 가정 폭력이나 반사회적 행동의 형태로 나타나는 경우도 적지 않다.

칭찬이란 상대방을 소중히 여기는 마음을 표현하는 방법이다. 부모는 자기애에 빠지지 말고 아이를 한 인간으로 대하면서 제대로 사랑해야 한다. 그럴 때 비로소 부모의 칭찬이 아이의 마음에 에너지가 되고, 영원히 아이의 마음속에 남을 것이다. 그리하여 늘 마음 기댈 곳이 되어 주고 자신감의 근원이 되어 줄 것이다.

그러면 아이를 칭찬할 때, 구체적으로 어떤 방법이 있을 수 있을까? 사실 잘 생각해 보면 방법이 굉장히 다양하다. 그중에는 오해를 불러일으킬 만한 말도 있고, 오히려 나무라는 듯이 들릴 수 있는 말도 있으니 주의해야 한다.

● 직접 칭찬과 간접 칭찬

"열심히 했네. 엄마, 정말로 감동했어." 이것은 직접 칭찬하는 것이다. 반면에 "네가 열심히 한다고 선생님이 칭찬하시더라." 하고 전하는 것은 간접적인 방법이다. 직접 칭찬받으면 물론 기쁘다. 그러나 이렇게 간접적인 칭찬을 받으면, 칭찬은 선생님이 하셨지만 엄마도 그렇게 생각한다는 뜻이 되므로 이중으로 칭찬받은 셈이 된다.

● 전체적 칭찬과 부분적 칭찬

"저 사람, 참 멋있다." 이런 표현은 전체적으로 칭찬하는 것이다. 반면에 "저 사람, 머리 스타일은 멋지네." 하는 말은 한 부분만을 따로 떼어 칭찬하는 것이다. 이 경우에는 다른 부분은 멋지지 않다고 말하는 인상을 줄 수 있다. 물론 특히 뛰어난 부분이 있어서 그것을 따로 꼬집어 칭찬하는 것은 좋지만, 어감에 주의할 필요가 있다. "너, 공부 잘하는구나." 하는 말과 "공부는 잘하는구나." 하는 말을 들었을 때 기분이 같을 수가 없다.

마치 공부 이외의 부분을 흉보고 있다고 느낄 수도 있다는 점에 주의해야 한다.

● 절대적 칭찬과 상대적 칭찬

상대적으로 칭찬한다는 것은 누군가와 비교해서 칭찬한다는 것이다. "○○보다는 잘했네."라는 식의 칭찬은 버려주기 바란다. 아이가 현실을 불공평하다고 여기거나 엇나가기 쉬우며, 그 결과 인간관계가 비뚤어질 염려마저 있다. 특히 형제를 비교하는 것은 절대로 금물이다. 아이들을 하나하나 인정해주고, 절대적인 존재로서 칭찬해주어야 한다.

● 때때로 하는 칭찬과 늘 하는 칭찬

슬픈 일이지만, 늘 칭찬을 해주다 보면 기뻐하는 마음이 점점 엷어지는 것도 사실이다. 그래서 아이가 한 살씩 나이 먹어 갈수록 칭찬하는 순간을 잘 포착하는 요령도 필요해진다. 그러나 기본적으로 중요한 것은, 정말로 아이가 노력했을 때 그것을 분명하게 인정해주는 것이 아닐까 싶다.

● 열렬한 칭찬과 조용한 칭찬

아이가 어렸을 때는 박수갈채 받는 것을 좋아한다. 그러나 사춘기 이후로는 차분하게 칭찬해주는 것을 더 잘 받아들인다. "예전보다 이런 부분이 많이 나아졌구나." 또는 "너라면 이런 것도 충분히 해낼 수 있을 거야." 하는 객관적인 칭찬이 성장의 밑거름이 될 것이다.

● **말 이외의 수단으로 칭찬하는 마음을 전한다**

아이에게 "너는 소중한 존재란다." 하는 마음을 전하는 방법은 아주 많다. 아이가 그린 그림을 액자에 넣어 걸어 놓거나, 아이가 준 선물을 소중히 여기는 모습을 보여주거나, 도시락에 격려 편지를 넣어주는 방법 등이 있다.

우리 아이는
칭찬할 데가 하나도 없다?

"공부도 안 하고, 아침에도 잘 안 일어나고, 집안일도 안 돕고, 깜빡깜빡 잊어버리고 다니기 일쑤고……. 우리 애는 정말 칭찬할 데가 하나도 없어요." 어머니들이 이런 말을 늘어놓는 경우가 많다. 하지만 정말로 그럴까?

어른들은 아이에게 칭찬할 만한 구석이 안 보인다는 소리를 쉽게 한다. 그것은 어른들이 자기 마음대로 테두리를 좁게 설정해 놓았기 때문인지도 모른다. 여기까지 이만큼 안 하면 칭찬할 수 없다고 말이다. "네가 잘 먹고 잘 자고 이렇게 건강하니, 얼마나 좋은지 모르겠구나." 또는 "같이 노는 친구들이 이렇게 많다니. 다 네가 성격이 좋아서 그렇겠지?" 하고 보는 시각을 조금 바꾸어보면 어떨까?

또 칭찬하려면 항상 아이의 모습을 잘 지켜보고 있어야 한다. 예컨대 시험 점수가 50점이 나왔다고 해보자. 이때 "이걸 점수라고 받아 왔어!"

하고 화를 내기 쉽다. 그러나 지난번 성적을 기억하고 있다면 다르게 말할 수도 있을 것이다. 평균점수까지 알아보고 나서 "평균보다 3점 높네. 지난번에는 평균보다 낮았는데, 그만하면 열심히 했다." 하고 칭찬을 해 줄 수가 있기 때문이다.

칭찬할 줄 모르는
부모의 심리

칭찬할 줄 모르는 사람 중에는 칭찬하는 것을 부정적으로 생각하는 사람이 있다. 자기는 칭찬 같은 거 할 줄 모른다고 하는 사람, 칭찬을 받으면 안절부절못하겠다는 사람이 그런 예이다. 이들은 대부분 칭찬을 받지 않고 성장한 경우가 많다. 게다가 칭찬받지 않았기 때문에 더 분발할 수 있었다며, 칭찬하지 않는 양육법을 찬성하기도 한다.

그러나 학대가 학대로 이어지는 것처럼, 칭찬하지 않고 아이를 키우면 칭찬할 줄 모르는 사람으로 성장하게 된다. 칭찬받지 않고 살아온 사람이 지금 부모가 되어 행복하게 살고 있을 수는 있다. 그렇다고 해서 그렇게 키우고 있는 자기 아이가 앞으로 행복하게 살 거라고 장담할 수는 없다. 그러한 연결고리는 끊어주었으면 한다.

부모 자신의 정신 상태나 몸 상태가 좋지 않아서 칭찬할 여유가 없는 경우도 있다. 이럴 때는 아이의 좋은 점이 잘 안 보인다. 예컨대 작은아이가 어려서 손이 많이 가는 경우를 생각해보자. 이럴 때 큰아이가 스스로 알아서 잘하는 모습을 보고도 큰아이니까 당연히 그래야 한다는 생각을 하게 된다. 좋은 점이 좋은 점으로 안 보이니 칭찬을 할 수가 없는 것이다.

최근에 들어와서 아이의 나쁜 점밖에 안 보인다는 생각이 들었다면, 그것은 바로 부모의 SOS 신호일지도 모른다. 다른 가족들에게 도움을 요청하고, 매일 열심히 살고 있는 자기 자신부터 칭찬해주도록 하자.

가방 메고 학교만 가도 희망은 있다

이제 아주 중요한 내용을 하나 가르쳐드릴까 한다.

'의욕도 없고 공부도 안 하는' 당신의 아이가 매일 학교에서 5~6시간씩 공부를 하고 있다는 사실을 상기해주기 바란다. 당신이 보는 아이의 모습은 어디까지나 '휴식 타임' 중의 모습일 뿐, 아이는 매일 6시간씩 학교에서 책상 앞에 앉아 있는 것이다. 이 사실을 부디 잊지 마시기 바란다.

어쩌면 낙서나 하고 있을지도 모른다. 멍하니 공상에 빠져 있을지도 모르고, 지우개로 땅따먹기나 하고 있을지도 모른다. 하지만 그것은 재미없는 시간을 어떻게든 참아가면서 극복하려고 노력하는 모습이라고 생각할 수도 있지 않을까? 사람은 누구든지 잘나갈 때가 있고 못 나갈 때가 있는 법이다. 또 괴로울 정도로 재미없는 수업도 있는 법이다. 그래도 피하지 않고 재미를 찾아내려는 그 노력이, 어쩌면 아이의 능력일 수도 있는 것이다.

"아무리 그래도 그러면 쓰겠어요?"라고 하시는 분이 저기 보이는 것 같다. 하지만 사회인들도 똑같지 않은가. 별로 재미도 없는 직장에서 하루 8시간을 꼬박 참고 일하다가 퇴근길에 서점에 들러 마음에 드는 책 한 권 손에 들고 위안을 삼지 않는가. 또는 같은 사무실 여직원의 웃는 모습을 보며 다시 한 번 힘을 내는 분들도 있을 테고 말이다.

아이한테 의욕이라는 것이 있는지 없는지 불안해질 때면 먼저 자기 자신에게 이렇게 말해 보기 바란다. "우리 아이가 학교에서 하루 6시간씩 공부를 하고 있다!" "아무리 수업이 재미없고 공부가 하기 싫어도 책상 앞에 앉아서 분발하고 있다. 그것도 하루에 6시간이나!" "야아, 정말 대단한 일이야!"

나도 집에 있을 때의 모습만 본다면 '아무것도 할 생각이 없는 아저씨'로밖에 안 보일 것이다. 그러나 아내는 상상력의 날개를 펴고 '교단에 서 있는 남편' 또는 '상담하고 있는 남편'의 모습을 떠올린다. 그리하여 "그렇게 뒹굴뒹굴하지 말고 청소라도 해요."라는 말을 속으로 삼킨다(고 생각한다). 가정이란 본래 그런 곳이 아닐까?

아이의 마음에 동그라미를 쳐주는 칭찬의 말

여기까지 읽었다면 이제는 실천할 차례다. 그렇다. 아이에게 칭찬을 해주는 것이다. 그런데 어떤 말을 해야 할지 생각이 안 난다는 분이 계실 것이다. 그런 분을 위해 아이의 마음에 동그라미를 쳐주는 말들을 모아 보았다. 아이에게 꼭 이렇게 칭찬을 해주기 바란다.

● ● ● **인정하고 칭찬하는 말**

열심히 했구나!

잘 참았다!

역시 우리 ○○야.

네 모습이 정말 씩씩해 보이더구나.

동작이 굉장히 재빠르더라!

예의 바르게 참 잘했다.

네가 얼마나 노력하고 있는지 잘 알고 있단다.

꾸준히 노력한 것이 결실을 맺었구나!

역시 ○학년은 다르네!

많이 컸네!

● ● ● **격려하는 말**

너라면 할 수 있을 거라고 생각한다.

이렇게 노력하면 꼭 성공할 거야.

○○야. 파이팅!

좋아. 계속 이렇게 가는 거야!

지금 네가 ○○한 것은 정말 훌륭했어!

일단 여기까지 잘 왔구나.

지금이 가장 어려운 고비인 것 같구나. 아버지도 알겠어.

꿈이 어디 가는 건 아니란다. 기회는 얼마든지 있어.

● ● ● 위로하는 말

잘했다, 잘했어.

열심히 했다는 거, 잘 안단다.

분하고 속상하겠지만, 그 마음이 다시 발판이 되는 거야.

인간은 괴로울 때 성장하는 법이란다.

실패한 만큼 많은 것을 배우고 있는 거야.

● ● ● 감사의 말

고맙다. 네 도움이 컸어.

이게 다 ○○ 덕분이야.

아빠 엄마가 정말 기분이 좋구나!

● ● ● 감동의 말

야아, 정말 대단했어.

엄마 마음이 뭉클하더라. 정말 감동했어.

잘했다. 우리 ○○ 최고야!

● ● ● 힘든 일을 해냈을 때 칭찬하는 말

수고했다!

힘들었지!

정말 열심히 잘했다!

지켜봐주는 말

실력이 꽤 늘었구나.

이제 의젓한 형(언니)이 다 되었네.

모두 네가 잘되기를 바란단다.

네 뒤에는 언제나 아빠 엄마가 있으니, 걱정할 것 없어.

사랑한다는 마음을 전하는 말

사랑해!

아빠 엄마의 보물이야!

너의 이런 모습이 참 좋구나!

부모의 열린 마음을 전하는 말

어려운 일이 생기면 언제든지 이야기해라.

알겠다, 네 기분이 어떤지.

그래, 잘 알겠다.

제7장

부모와 아이 사이, 소통의 기술

언제나 대화가
말다툼으로 끝나요

제6장까지의 이야기는 어떤 아이나 부모에게든 다 통용되는 기본 원칙에 관한 것이었다. 그러나 사실 부모가 고민하고 난감해하는 것은 더 구체적이고 세세한 부분과 관련이 있는 경우가 많다.

그래서 사춘기 아이를 둔 어머니들(그리고 몇몇 아버지 포함)을 상대로 설문조사를 해보았다. 설문 내용은 대강 이런 것이었다. "아이에게 공부하라는 소리를 합니까?" "아이가 어느 정도까지 공부하기를 바랍니까?" "왜 공부를 시키려고 합니까?" "어느 정도까지 성과가 있기를 기대합니까?" 설문 결과를 통해 참으로 다양한 아이들이 있고 또 그만큼 다양한 부모가 있다는 것을 다시 한 번 확인할 수 있었다.

부모는 누구나 자기 아이의 성적이나 장래 문제를 진지하게 생각한다. 그리고 그런 마음은 하나하나가 다 중요하다. 설문에 답한 내용을 보면 직접 글로 표현하지는 않았어도 다양한 부모 자식의 관계가 그 이면에 숨어 있다는 것을 알 수 있다. 이런 것을 일률적으로 말할 수는 없을 것이다.

일단 이런 사실을 전제로 하고, 설문 내용 가운데 일반적인 경우 또는 주의해야 할 부분을 뽑아 간단한 설명과 함께 제시해보았다. 여러분 중에도 개인적으로 고민하는 부분이나 해답이 안 보이는 어려운 문제를 갖고 있는 분이 계실 것이다. 비슷한 내용이 있어서 좋은 참고가 된다면 좋겠다.

◎ 아이에게 공부하라는 소리를 합니까?

● 별로 하지 않는다

1. 중2 남학생의 어머니

아이가 학교에서 가장 열심히 활동하는 특별활동부에 소속되어 있어서 저녁 8시가 다 되어야 집에 돌아온다. 아침에도 6시 반에는 집을 나서서 아침 연습에 참가한다. 집에 오면 밥 먹고 바로 잠들어버리는 형편이라 공부하라는 소리를 할 수 있는 상황이 아니다. 시험이 다가오면 방에 틀어박혀 있긴 하지만 공부를 하고 있는 눈치가 아니다. "잘 되고 있니?" 하고 물으면 "잘 되고 있어." 하고 말은 잘한다. 하지만 결과는 형편없다.

2. 중3 남학생의 아버지

내가 기억하는 한, 아이에게 공부하라는 소리를 직접 한 적은 없다. 그러므로 텔레비전에서 흔히 보는 것처럼 아버지가 야단치고 아들이 화가 나서 입이 한 자나 나오는 상황은 벌어진 적이 없다. 아내는 "누구누구는 모의고사에서 성적이 이러이러했다더라." 하며 빙빙 돌려서 이야기를 한다. 어떻게든 공부할 생각이 들게끔 하고 싶어서이다. 그러나 "앗, 드디어 공부할 생각이 났나 보다." 하며 아내가 기뻐한 적은 여태껏 한 번도 없다.

3. 초등학교 6학년 여학생의 어머니

학교나 학원 숙제처럼 반드시 해야 하는 일은 부모가 말하지 않아도 잘 알아서 하는 편이다. 아직 초등학생이니 이 정도만 하면 문제가 없는 것 같다. 다만 통신교육 과제물처럼 제출 기한에 여유가 있는 것은 늦장을 부려서 계획대로 끝내지 못하는 경우가 있다. 그럴 때는 과제물은 언제언제까지 다 끝내야 한다고 기한을 정해주고, 잊지 않도록 여러 번 일러주고 있다.

● 빙빙 돌려서 말한다

4. 중2 여학생의 어머니

부모가 아무리 조바심을 내더라도 아이 본인이 할 생각이 없으면 의미가 없다고 생각한다. 그래서 아이한테도 공부 안 하느냐는 식의 말은 직접 하지 않고 있다. 가끔 장래 희망을 놓고 이야기를 나누기도 하고, 아이가 진학할 학교 정보를 함께 인터넷으로 찾아보면서 이런 학교도 있다는 사실을 알려주기도 한다. 하지만 부모가 바라는 만큼 아이가 흥미를 보이는 것 같지는 않다.

지금은 아이가 특별활동에 빠져 있어서 조금 더 분위기를 지켜볼 생각이다. 아이가 가능한 한 빨리 공부할 생각을 해주었으면 하는 것이 과연 부모의 욕심이기만 할까?

5. 중2 남학생의 어머니

아이가 1학년일 때는 크게 화를 낸 적도 있었다. 그러나 아무리 내가 화를 내봐야 아이하고 관계만 나빠질 뿐이었다. 오히려 아이가 공부를 더 안 하는 것 같기도 해서 너무 심한 소리는 안 하기로 했다.

집에 초비라는 고양이가 있는데 내가 "초비야, 형아가 게임을 그만둘 생각을 안 하는 것 같구나." 하면 아들도 "초비야, 엄마한테 '지금 막 생각하고 있다'고 전해 줘."라고 고양이한테 이야기한다. 정면으로 부딪치지 않는 게 좋은 것 같다는 생각이 든다.

6. 중3 남학생의 어머니

솔직히 말하면 나는 아이였을 때 공부하는 것을 참 좋아했다. 그래서 시험이 다가오면 아이가 무엇을 공부하고 있는지 궁금해서 자꾸 들여다보게 된다. 그런데 아이는 전혀 공부할 생각을 하지 않는다. "시험 범위 안에 ㅇㅇ가 있더라. 어려워 보이던데 다 외웠니?" 하고 빙 돌려서 물으면 "어? 그런 것도 있었어?" 할 뿐이다.

숙제는 하고 있는데, 시험이 가까워져도 숙제하는 것만으로도 벅차하는 것 같다. 시험공부를 안 하고 시험을 브는 것 같다. "시험이 언제부터지?" 또는 "이번에는 지난번보다 등수가 좀 올랐으면 좋겠다." 하며 넌지시 시험 날짜가 다가왔다는 신호를 보내 보지만 별 효과가 없다.

'공부'에 대한
깊은 대화가 필요할 때

아이에게 공부하라는 소리를 하느냐는 질문에 응답해주신 내용을 일부 발췌해서 소개해보았다. 우선 공부하라는 소리를 하지 않거나 빙빙 돌려서 말한다는 부모의 경우를 생각해보자. 하나하나 읽어 보면 사춘기 아이를 둔 부모가 아이와 좋은 관계를 만들어가고자 노력하고 있다는 것을 느낄 수 있다. 그리고 바쁘게 지내고 있는 아이를 배려해주려는 자세도 엿볼 수 있다. 이런 부모는 틀림없이 아이와 사이가 좋을 것이다.

그런데 한편으로는 너무 좋은 부모가 아닌가 하는 생각이 드는 것도 사실이다. 응답해준 내용을 읽어 보면 하나같이 공부가 중요하다고 생각하고 있고 또 아이가 공부하면 좋겠다고 바라고 있다. 그런데도 그것을 아이에게 확실하게 전달하지 못하고 있는 것이다.

대개 아이와 좋은 관계는 유지하고 있다. 그러니까 오히려 더 쉽게 아이와 똑바로 마주 앉아 이야기하는 기회를 만들 수도 있지 않을까 싶다. 부모가 어떤 생각을 하고 있는지, 그리고 아이가 왜 공부를 안 하고 있는지 등을 서로 이해가 될 때까지 이야기를 나누어보는 것이다.

어쩌면 말을 못하겠다거나 말하기가 두렵다고 생각하는 부모도 있을지 모르겠다. 상담 현장에서 자주 느끼는 점이 있다. 아이가 초등학생이었을 때 공부를 둘러싼 부모와 아이의 관계가 중학생이 된 다음에까지 영향을 주는 경우가 꽤 있다는 점이다. 쉽게 말하면, 아이가 초등학생이었을 때 열심히 공부시킨 부모일수록 아이가 중학생이 되면 엉거주춤한 모습을 보이는 경향이 있다는 말이다.

아이가 초등학생 때는 대부분 순순히 부모가 시키는 대로 공부를 한다. 그런데 중학교에 들어가서 공부를 대하는 자세를 싹 바꾸는 경우가 많다. 마치 "이제는 부모가 시키는 대로 안 움직일 거야." 또는 "이제 지쳤으니까 내 맘대로 하게 내버려 두세요."라는 듯이 말이다. 또 이에 대해서 부모 역시 "너무 열심히 시켰나?" 또는 "특별활동하기도 힘든데, 할 수 없지." 하면서 말을 못 꺼낸다.

혹시라도 아이와 부모 사이에 무엇인가 마음에 걸리는 것이 있다면 한 번쯤 확실하게 이야기를 나누어볼 필요가 있다. 그리하여 부모가 사과해야 할 일이 있다면 확실히 사과하고, 아이와 관계를 재정립하는 것이 중요하다.

말하지 않아도 알아서 잘하는
아이에게 숨어 있는 불안

공부하라는 소리를 하지 않는다는 부모를 보면, 대부분 아이가 잘 알아서 하고 있기 때문에 말할 필요가 없다고 이야기하는 경우가 많다. 응답 가운데 3이 여기에 해당할 것이다. 이런 말을 들으면 많은 어머니들이 얼마나 좋으냐고 부러워할 것이다.

이 아이는 학교 숙제는 물론이고 학원 과제나 통신교육 과제물까지 잘 알아서 하고 있다. 그런데 이런 아이의 경우 주의해야 할 점이 한 가지 있다. 부모가 지나치게 기대를 많이 하는 경향이 있다는 점이다.

또 부모가 기한을 정해주고 여러 차례 일러준다고 했는데, 이런 아이는 반드시 스스로 계획을 세우는 능력도 갖추고 있을 것이다. 물론 실수를 하거나 깜빡 잊어버리는 일도 있을 수 있다. 그러나 실수하게 내버려두는 것도 부모에게 필요한 자세가 아닐까 싶다.

공부하면서 아이는 스스로 계획을 세우고, 실행하고, 실수하고, 수정하는 것을 배워 간다. 여기에 의미가 있는 것이다. 그 과정에서 목표를 달성하지 못했다면 학습량을 조정할 필요도 있을 것이다. 반면에 하루 학습량이 너무 많지는 않은지, 친구들과 충분히 놀 수 있는 시간이 부족하지 않은지 하는 부분도 배려해야 한다.

부모의 기대에 부응하려고 지나치게 노력하는 아이일수록 중학교, 고등학교에 가면서 공부할 의욕을 잃어버리는 경우가 많다. 이 점을 부디 잊지 말아 주시기 바란다.

아픈 기억도
필요하다

공부하라는 소리를 빙빙 돌려서 한다고 답한 어머니들은 대개 "별 효과는 없지만"이라는 말을 덧붙이고 있었다. 그 정도의 깨달음을 이미 얻으셨다면 어머니들의 정신 건강은 그다지 걱정할 필요가 없을 듯하다. 그런데 그렇게 돌려서 말하는 방법으로는 아이들을 움직일 수가 없다. 이미 아이들은 공부하기를 바라는 부모의 진짜 속마음을 잘 알고 있다. 그런데 다만 부모가 시키는 대로 하면 점점 귀찮아질까 봐 모르는 척하는 것이다.

옛날부터 아이는 아픈 기억을 통해 성장한다는 말이 있다. 아무리 부모가 앞질러 걱정해도 아이는 반드시 실패의 경험을 하게 되어 있다. 그런 경험을 함으로써 아이는 다음에 어떻게 해야 하는지를 생각하게 된다.

물론 한 번의 실패로는 배울 수 없을지도 모른다. 그러나 정말로 위험한 상황에 빠지기 전에는 그저 지켜봐준다는 각오를 할 필요가 있다. 부모의 생각을 분명하게 아이에게 전하고, 말하고자 하는 바를 말하고, 그 다음은 아이를 믿고 기다리자. 시험 전이라면 "슬슬 공부해야지?" 하고 한마디 하고 이후로는 입을 다문다. 공부를 할 것인지 말 것인지 그 판단을 아이에게 맡기는 것도 필요하기 때문이다.

앞의 응답 가운데 5의 어머니는 아이에게 직접 말하지 않고 고양이에게 말을 건다고 했다. 물론 아이도 고양이에게 말을 전하는 유머를 보이고 있다. 이렇게 유머를 섞어 이야기를 전달하는 것도 사춘기 아이와 부모에게 추천하고 싶은 의사소통 방법 중 하나이다. 아이와 부모 사이에 바람직한 기류가 형성되어 서로 부드럽게 생각을 전달할 수 있다면, 그것만으로도 문제가 충분히 해소될 것이다.

◎ 아이에게 공부하라는 소리를 합니까?

● 공부하라고 말하는데 그것이 싸움이 된다

8. 중1 남학생의 어머니

시험까지 일주일밖에 안 남았는데 아이가 거실에서 텔레비전만 본다. 처음에는 너그럽게 봐 주는데, 계속해서 다음 프로그램까지 넘어가면 폭발하게 된다. "공부 안 하니? 이제 일주일밖에 안 남았잖아!" 하고 큰소리가 나온다. 언제나 이런 식이다. 그러면 또 아이는 언제나 "아이고, 또 그 소리. 공부하란 소리만 들으면 공부하기가 싫어진다고요!" 하고 화를 낸다. 그러면 또 내가 "어차피 공부할 생각 안 하기는 마찬가지잖아!" 하고 받아치고, 험악한 분위기가 된다.

9. 중2 남학생의 어머니

아이는 시험을 앞두고도 게임이나 하고 있을 때가 많다. 공부하라고 하면 말도 안 되는 핑계를 늘어놓으면서 공부 안 하는 것을 정당화한다. "왜 공부를 해야 돼?" "장래에 훌륭한 사람이 될 수 있을 것 같지가 않아." "환경 파괴로 어차피 죽을 거니까, 공부해 봐야 헛수고야." 이런 식이다. 그런 말을 들으면 아이가 참 순수하다는 생각은 드는데, 결국은 말싸움으로 끝나고 만다.

10. 중2 여학생의 어머니

"공부 좀 하지?" 하면 "공부에 관심도 없고, 해도 잘 모르겠어."라는 대답이 돌아온다. 여유가 있으면 아이를 붙잡고 확실하게 공부 이야기를 할 수도 있을 것 같다. 하지만 나도 일 때문에 늘 피곤하다. 그러다 보면 결국 "남한테 요구만 하지 말고 최소한 자기가 해야 할 일은 제대로 해라. 그 정도도 안 할 거면 나가서 돈이나 벌어야지, 뭐." 하는 소리를 한마디 던지고 끝내게 된다.

아이에게 공부할 생각을 북돋아주려고 "학원 선생님이 넌 한다면 하는 애라고 하시더라." 또는 "이번에 목표한 점수를 받으면 특별 용돈 줄게." 하는 작전도 써보기는 하는데, 그다지 좋은 효과는 못 보았다.

11. 중3 남학생의 어머니

공부하기 전에 책상 정리 좀 했으면 좋겠다. 아이는 늘 자기 침대에서 만화책을 보거나 게임만 하고 있고, 정작 중요한 책상이나 의자 위에는 교과서나 공책 같은 것들이 멋대로 흩어져 있다. "이래 갖고서 어떻게 공부가 되겠냐?" 하면서 화를 내면 "아휴, 또 잔소리. 돼요, 된다고요." 하며 받아친다. 그러면 또 내가 "거짓말하지 마라. 이런 데서 공부가 될 리가 있냐?" 하며 폭발한다. 공부는커녕 책상 정리 단계에서 싸움이 되어 버린다.

부모와 아이가 싸우면
아이가 유리하다

아이에게 공부하라는 말을 한다고 대답한 경우를 보면 싸움이 될 수밖에 없겠구나 싶은 경우가 많았다. 어머니들은 모두 자기 생각을 있는 그대로 말로 쏟아내고 있었다. 거기에는 아무런 작전 같은 것도 없다. 따라서 아이들도 '싸움'을 하고는 깨끗하게 마무리를 짓고 있었다. 공부하라는 이야기를 피해가는 데 성공했다고나 할까?

부모와 아이의 싸움은 아이에게 아주 유리하다. 아이들이 "잔소리 때문에 공부 안 해." 또는 "공부 같은 건 너무 시시해서 하기가 싫어." 하면서 도망갈 핑계를 잘도 만들기 때문이다. 부부싸움에 일정한 틀이 있는 것처럼 부모와 아이의 싸움에도 정형화된 틀이 있다. 그러므로 부모가 먼저 싸움이 될 소지가 있는 틀에서 벗어나야 한다. 그러려면 상황을 보는 시각부터 조금 수정해야 할 필요가 있다.

　예컨대 응답 가운데 8의 경우 어머니가 자기 마음대로 어디어디까지 참자고 생각하고 있다가 그 선을 넘으면 화를 냈다. 아이에게도 아이 나름의 계획이 있을 수 있다. 그러므로 우선은 몇 시까지 텔레비전을 볼 것인지를 물어보았어야 한다. 부모가 자기 마음대로 생각하고 화를 내지 않는 것이 중요하다. 또 공부하라는 소리를 들으면 공부할 마음이 없어진다고 하니, 그런 말은 역시 하지 않는 것이 가장 좋다. 아이에게는 실패를 통해서 배우는 것도 필요하기 때문이다.

　응답 가운데 10을 보면 "공부 안 할 거면 나가서 돈이라도 벌어야지."라고 했는데, 부모들이 흔히 하는 말이다. 그러나 그 말이 부모의 진심이 아니라는 것을 아이도 잘 알고 있다. 그래서 더 신경질을 내는 것이다. 마찬가지로 아이에게 "네가 갈 수 있는 고등학교 같은 건 없다."는 소리를 하는 부모도 많다. 그러나 고등학교도 가지가지이고, 아이가 정말로 고등학교에 들어가지 못하는 일은 없다. 부모가 하는 말에 진실성이 결여되어 있다면 아이가 어떻게 생각할까? 부모는 이 부분을 잘 생각하고 말할 필요가 있다.

　책상이 지저분하면 공부를 못한다는 것도 개인적으로는 꼭 그렇지만은 않다고 생각한다. 내 책상도 지저분하지만, 조금만 살펴보면 필요한 것을 금방 찾을 수 있고 아무 문제가 없다. 책상이 어지러운 것은 마음이 어지러운 것이라는 말도 한편으로는 맞는 말이다. 그러나 반드시 그런 것은 아니다. 중요한 이야기에 들어가기 전에 항상 그런 데서 걸려 넘어지다니, 안타까운 일이다.

싸우지 않고
아이를 이기는 법

응답 가운데 9의 아이를 보자. 이 아이가 공부하지 않으려고 이리저리 정당화하고 있다고 생각되는가? 물론 부모 입장에서는 그렇게 보일지도 모르겠다. 그러나 그것보다는 아이 마음속에 "왜 공부를 하지 않으면 안 되는가?" 하는 의문이 깊이 자리 잡고 있다고 여겨진다. 그 의문에 어머니가 확실하게 대답을 해주고 있는지가 궁금하다.

그 의문은 아이가 태어나서 지금까지 자라는 동안에 형성된 것이다. 어쩌면 아이 마음속에서 "내가 초등학교 때 왜 놀지도 않고 그렇게 열심히 공부한 거지?" 또는 "열심히 했지만 의미를 모르겠다."는 의문이 자라나고 있는지도 모른다.

이 아이는 아마도 매사를 깊이 생각하는 아이일 것이다. 스스로 이해하고 나서 나아가고 싶은 것이다. 이런 경우 가능한 한 부모가 성실하게 자신의 생각을 설명해줄 수 있어야 한다. "환경이 파괴되고 있는 것은 사실이지만, 그것을 방지하고자 연구하는 사람도 굉장히 많단다." 하면서 말이다.

또 아이가 스스로 답을 얻을 때까지 기다리는 자세도 중요하다. 만약 초등학교 때 아주 열심히 공부하는 아이였다면 '그때 열심히 한 청구서'라 생각하고 넘어가자. 그것도 어떤 의미에서는 아이의 건강한 모습이기 때문이다.

매번 싸움을 하게 되면 부모는 "또 시작이구나.", "도망갈 생각만 하는군." 하는 마음이 앞서게 된다. 그리고 깊이 생각하기를 포기하게 된다. 그러다 보면 아이 내면에 어떤 문제가 있어도 그것을 알아차리지 못하는 수가 있다. 어쩌면 아이가 친구 관계나 이성 문제로 고민하고 있을지도 모른다. 그렇기 때문에라도 부모는 아이와 부드럽게 이야기를 나누는 기회를 반드시 만들어야 한다.

◎ 아이가 어느 정도까지 공부하기를 바랍니까?

12. 중3 남학생의 어머니

지난번 시험 점수에 맞추어 이번 목표 점수를 정한다. 'O점 이상이면 만화책 1권'처럼 상을 제시하면 열심히 공부하는 것 같아서 그렇게 정해 놓고 있다.

13. 중2 여학생의 어머니

시험은 70점 이상, 주어진 숙제나 과제는 정해진 기한 안에 제출하고, 집에서 공부하는 시간은 노는 시간과 똑같이 나누어야 한다고 아이에게 말하고 있다. 그러나 실제로는 부모가 그렇게 기대하고 있을 뿐이고, 아이는 별로 깨닫지 못하고 있는 실정이다.

14. 중1 여학생의 어머니

공부라는 것이 재미있는 것이니, 그것을 깨달을 정도로는 공부해주었으면 좋겠다.

15. 중2 남학생의 어머니

아이가 자라서 경제적으로 자립할 수 있게 되는 것이 최종 목표이다. 그렇게 될 수 있도록 공부했으면 좋겠다. 바라건대, 가업(병원)을 이어받아 준다면 감사하겠다.

16. 중2 남학생의 아버지

항상 목표를 가지고 그것을 향해 전력을 다하는 것은 인생의 어떤 단계에서든 필요한 일이다. 최선을 다해서 도달할 수 있는 곳에 목표를 설정하고 도전했으면 하는 것이 부모로서의 바람이다. 그런데 현실 속의 아이는 적당한 수준에서 낙착을 보고 싶어하는 것 같아서 부모로서 참으로 답답하다.

계획, 실행, 실패 모두 직접 경험하게 하라

아이가 어느 정도까지 공부하기를 바라는지 물었는데, 그 답이 구체적인 것에서부터 그렇지 않은 것까지 다양했다.

어느 경우든지 부모가 마음대로 목표를 결정하는 것이 아니라 아이가 스스로 설정하는 것이 중요하다. 아이는 시험 성적이 낮으면 그 결과 어떤 손해를 보게 되는지 잘 알고 있어야 한다. 그리고 그것이 무슨 상 운운할 일이 아니라는 것도 깨달아야 한다. 그런 점을 깨닫지 못하면 결국 부모 말에 좌우되는 아이가 되고 만다. 또 부모가 구체적인 희망 사항을 지나치게 많이 요구하면 부모가 원하는 대로는 되지 않겠다는 반항심을 갖게 될 수도 있다. 그래서 일부러 부모가 바라는 방향과 반대로 가버리는 아이도 적지 않다.

응답 중에는 14와 같이 아이가 공부 재미를 알 정도로는 공부해주었으면 좋겠다는 의견도 꽤 많았다. 그러나 사실은 그것이 아주 어려운 일이다.

어머니들 중에는 공부하는 것을 아주 좋아한다거나 지금 자기가 중학생이라면 더 열심히 공부할 거라고 하는 분들도 있을 것이다. 옛날과 달리 지금은 부모가 고등학교는 물론이고 대학까지 나온 경우도 많다. 비교적 공부를 잘했던 사람이라면 나름대로 공부하는 방법이나 학습관까지도 갖고 있을 것이다.

그러나 공부의 재미를 발견해야 하는 사람은 아이 자신이다. 부모가 할 수 있는 것은 공부가 재미있다는 것을 깨달았던 자신의 기쁨을 기회가 될 때마다 말해주는 정도일 것이다. 당시에는 아이가 별로 느끼지 못할 수도 있다. 그러나 나중에 때가 되면 그 이야기가 아이의 시야를 넓혀 줄 것이다. 부모가 읽은 책들, 부모가 찾아본 자료, 부모가 전해준 세상의 신비로운 이야기 같은 것이 다 중요하다. 이런 것들이 언젠가는 반드시 아이에게 새로운 세계로 들어가는 문을 열어줄 것이기 때문이다.

응답 가운데 16의 아버지는 목표를 설정하는 방식이 마치 유능한 비즈니스맨 같다. 이런 발상이 어른들 세계에서는 흔히 있을 수 있다. 그러나 아이는 아직 그런 세계에 살고 있지 않다는 것을 알아주었으면 한다. 부모 눈에는 아이가 적당한 수준에서 낙착을 보고 싶어하는 것처럼 보일지도 모른다. 그러나 아이도 자기 나름대로 필사적으로 현실을 살고 있다.

15의 어머니도 아이의 장래를 이야기하고 있다. 그런데 중학생 때부터 변호사가 되겠다거나 의사가 되겠다고 결심하고 열심히 공부하는 아이는 그다지 많지 않다(물론 있긴 있겠지만). 잘해 봐야 대개는 이번 시험에서 점수를 좀 올리고 싶다는 정도인 것이다.

공부하는 목표는 무엇보다 아이와 함께 이야기하면서 정하는 것이 중요하다. 어디까지나 아이를 중심으로 말이다. 그렇게 해서 계획은 아이가 세우도록 해야 한다. 그리고 실패하더라도 괜찮다고 생각하고 지켜봐주어야 한다. 거듭 말하지만, 아이는 계획과 실행과 실패를 모두 경험해야 할 필요가 있다.

◎ 왜 공부를 시키려고 합니까?

17. 중2 남학생의 어머니

공부를 못하더라도 아이가 목표가 있고 몰두하고자 하는 것이 있다면 억지로 공부시킬 필요는 없다고 생각한다. 하지만 지금은 미래에 선택의 폭을 넓힐 수 있도록 더욱 많은 지식을 쌓아 갔으면 좋겠다.

18. 중2 남학생의 어머니

나도 그랬지만, 아이들은 강제로 공부해야 하는 시기보다 몇 배나 더 긴 인생이 있다는 것을 모른다. 공부는, 학생 시절 이후의 긴 인생을 자기가 원하는 대로 살 수 있게 해주는 중요한 수단이다. 그래서 공부가 필요한 것이라는 사실을 깨닫게 해주고 싶은데, 그게 참 쉽지가 않다.

19. 중3 남학생의 아버지

나는 자유로운 학풍의 명문 고등학교와 대학교를 다니며 즐거운 학창시절을 보냈다. 그런데 아내는 중간 정도의 고등학교와 전문대학을 나왔다. 그 때문인지 아내는 아이를 수준 낮은 아이들이 다니는 학교에 보내고 싶지 않다고 한다. 그리고 지적인 아이들의 세계를 경험하게 해주고 싶다는 말을 한다. 수준 낮은 아이라는 말을 쓰는 것이 좀 마음에 걸리긴 한다. 그렇지만 나도 내 아이가 내가 다닌 학교 같은 세계를 경험했으면 좋겠다는 생각이 든다.

아이가 알아듣게
눈높이에 맞춰서 말하는 요령

왜 아이에게 공부를 시키려 하느냐고 물으면 부모들은 흔히 "미래에 아이의 선택 폭을 넓혀 주려고" 또는 "자기가 원하는 것을 이루는 하나의 수단이기 때문에"라는 대답을 한다.

이런 말은 그냥 듣기에는 참 좋다. 하지만 한편으로는 아이 마음에 얼마나 이 말이 잘 와 닿을까 하는 느낌이 든다. 어른이야 인생 경험이 쌓여 있어서 실감할 것이다. 그러나 아이는 아직 경험이 부족해서 "음, 그런가?" 하고 지나치기 쉬운 것이다.

이때 생생한 느낌을 살려서 전달하는 방법은 부모의 실제 경험을 이야기해 주는 것밖에 없다. "내가 선택할 수 있는 범위가 점점 좁아졌단다." 또는 "바라는 바를 이룰 수 없었단다." 하는 식으로 경험담을 허심탄회하게 아이에게 들려주는 것이다. 그리고 공부를 열심히 해서 어떤 점이 좋았는지, 인생을 살아가는 수단으로써 어떻게 유용했는지를 구체적으로 전해주는 것도 좋다.

중요한 것은 부모가 자신의 경험을 잘 정리하는 것이다. 그리고 '선택의 폭'이나 '수단'과 같은 상투적인 말을 생생하게 살아 있는 말로 바꾸는 것이다. 그렇게 해서 전달할 때 비로소 부모의 말이 아이의 마음을 울리게 될 것이다.

초등 성적은
평생을 결정하지 않는다

응답 가운데 19와 같이 생각하는 부모를 뜻밖에 많이 볼 수 있다. 이 부분을 조금 더 깊이 생각해 보았으면 한다.

'수준 낮은 집단'이라는 말을 사용하는 경우가 종종 있다. 우리 사회에 눈에 보이지 않는 '계층'이라는 것이 존재하고 있는 것도 엄연한 사실이다. 사는 지역에 따라서 또는 졸업한 학교에 따라서 말이다. 미국의 경우에는 훨씬 심각한 문제가 되고 있기도 하다.

또 계층이 존재한다는 사실을 생생하게 실감하는 사람들이 있는 것도 사실이다. 그런 사람들은 공부가 계층을 뛰어넘을 수 있는 수단이라는 것도 잘 알고 있다. 그래서 공부를 못하면 수준이 낮고 공부를 잘하면 수준이 높다고 생각한다. 또 공부를 잘하면 이익이고 못하면 손해라고 생각한다.

하지만 현실 세계는 그렇게 단순하지 않다. 식상한 말인지 모르겠지만, 공부를 못했어도 지성을 갖춘 사람이 있는가 하면 공부를 잘했어도 생각의 폭이 좁고 허약한 지식인이 있다. 아이들은 앞으로 점점 세상을 향해 나아갈 것이다. 이런 아이들에게 공부를 잘해야 출세한다는 식의 단순한 세계관을 심어주지 말았으면 한다.

또 아이가 어떤 길로 나아갈 것인가 하는 것은 그 아이가 선택할 문제이다. 아이가 소속하고 있는 집단을 두고 부모가 수준이 높네 낮네 평가할 일이 아니다. 그것은 아이의 인생 자체를 부정하는 일이 될 수도 있는 것이다.

부모로서야 당연히 아이를 남들이 말하는 수준 높은 세계에 들여보내고 싶을 것이다. 그러나 부모가 바라는 대로 되지 않는 경우도 있는 법이다. 아이가 원하는 수준에 못 미치면 그런 기준을 갖고 있는 부모는 갈등이 클 것이다. 그런 갈등 때문에 아이를 제대로 뒷받침해 주지 않는 부모도 있다. 가장 염려스러운 것이 이 부분이다.

만약 그런 생각을 버릴 수 없다고 생각하는 분이 계시다면, 부디 자신의 경험을 되돌아봐 주셨으면 한다. 그리고 왜 그렇게 생각하는지를 자기 자신에게 다시 한 번 물어보기 바란다.

아이가 커가면
사랑법도 달라져야 한다

이 설문 조사는 부모와 아이의 관계를 정말 일부분만 잘라내어 살펴본 것에 지나지 않는다. 그런 것을 놓고 이렇다 저렇다 하는 것이 실례가 될지도 모르겠으나, 여러분에게 참고가 되기를 기대하며 나름대로 정리해보았다.

응답지를 다 읽고 나서 느낀 점은 어느 부모든지 열심히 노력하고 있다는 것이었다. 모든 부모가 자기 아이의 현실을 나름대로 이해하고, 이상이나 희망과 현실 사이에서 타협점을 찾으려 하고 있었다. 그 과정에서 고민하고, 논리를 정립하고, 포기하고, 또다시 제자리로 돌아오면서 어떻게든 나름대로 '우리 아이 공부론'을 구축하려 애쓰고 있었다. 나도 그랬던 기억이 있다. 결국 부모가 할 일이란 그런 것일 테니까.

부모는 다양한 소망을 품고서 아이를 기른다. 그러나 그 소망은 대부분

이루어지지 않는다. 왜 이루어지지 않는 것일까? 너무 큰 걸 바라는 걸까? 아니, 그럴 리가 없다. 이 정도는 바라도 되지. 아니 어쩌면 이것도 좀 이상이 높은 걸까? 이와 같이 부모는 자기 아이를 놓고 수많은 생각을 한다. 그러면서 현실을 조금씩 받아들여 간다. 이것은 포기가 아니다. 아이와 따로 독립해가는 과정인 것이다.

부모가 아무리 안달복달해도 아이의 인생은 아이 것이다. 거기서 타협점을 잘 찾아 '아이 인생은 아이 것'이라고 납득하는 과정이 바로 아이를 기르는 과정인지도 모른다. 그 과정이 부모의 인생을 더욱 성숙하게 만드는 게 아닐까 한다.

자기 자신만의 문제라면 이야기가 간단하다. 자기가 노력하고 자기가 책임지면 된다. 그러나 아이 교육 문제는 그렇지가 않다. 부모가 해줄 수 있는 것에 한계가 있다. 부모가 아무리 노력한다 해도 아이 대신 시험을 봐 줄 수 없는 것처럼 말이다.

"아이가 공부를 안 한다. 그런데 공부를 시키고 싶다. 딜레마다."

"억지로 공부를 시켰다가 아이의 반발을 샀다. 후회스럽다."

"아이의 미래와 희망을 생각하면 늘 불안하다."

부모는 이처럼 대답이 안 나오는 물음과 마주치면서 살아간다. 그러면서 생각하고, 헤매고, 고민하고, 현실을 응시하고, 자기 마음속의 미해결 문제들을 마주보며, 어른으로서 마음을 키워 간다. 그 길은 아이와 헤어져 따로 독립해가는 여정이다. 그리고 부모 자신의 인생을 더욱 성숙하게 만들어가는 아주 소중한 과정이다.

당신은 아이의 의욕을
살려주는 부모?

마지막으로 아이를 대하는

자신의 행동을 객관적으로 진단해봅시다.

아이와의 관계를 조금씩 바꾸어나갈 수 있는

계기가 될 수도 있으니까요.

- 지금 당신의 마음 상태나 평소에 아이를 대하는 태도, 아이의 현재 모습 등에 대해 '그렇다', '아니다' 로 답해 주세요.
- 약간 그런 것 같으면 '그런 편이다', 약간 그렇지 않은 쪽인 것 같으면 '아닌 편이다' 로 답해 주세요.
- 반드시 1개만 골라서 답해 주세요.

1 아이가 어리광을 부리는 듯 행동할 때 그런 모습을 받아들여 준다.

☐ 그렇다　　☐ 그런 편이다　　☐ 아닌 편이다　　☐ 아니다

2 아이에게 부정적인 감정을 그대로 드러낼 때가 있다.

☐ 그렇다　　☐ 그런 편이다　　☐ 아닌 편이다　　☐ 아니다

3 아이가 밖에서 좋은 아이라는 소리를 듣는다고 생각한다.

☐ 그렇다　　☐ 그런 편이다　　☐ 아닌 편이다　　☐ 아니다

4 나는 아이에게 집착하지 않는 어머니라고 느낄 때가 있다.

☐ 그렇다　　☐ 그런 편이다　　☐ 아닌 편이다　　☐ 아니다

5 아이가 편안함을 느끼는 집안 분위기를 만들고자 노력한다.

☐ 그렇다　　☐ 그런 편이다　　☐ 아닌 편이다　　☐ 아니다

6 아이의 마음을 잘 헤아려 가며 이야기하려고 한다.

☐ 그렇다　　☐ 그런 편이다　　☐ 아닌 편이다　　☐ 아니다

7 만약 무슨 일이 생긴다면, 아이를 보호하기 위해서 무슨 일이든 할 것이다.

☐ 그렇다　　☐ 그런 편이다　　☐ 아닌 편이다　　☐ 아니다

8 휴일에는 가족끼리 즐거운 시간을 갖는다.

☐ 그렇다　　☐ 그런 편이다　　☐ 아닌 편이다　　☐ 아니다

9 식탁에서는 웃는 얼굴로 즐겁게 식사할 수 있도록 노력한다.

☐ 그렇다　　☐ 그런 편이다　　☐ 아닌 편이다　　☐ 아니다

10 아이가 학교 행사에 즐겁게 참여한다.

☐ 그렇다　　☐ 그런 편이다　　☐ 아닌 편이다　　☐ 아니다

11 시험 성적 등에서 아이가 상위권에 들지 못하면 속상하다.

☐ 그렇다　　☐ 그런 편이다　　☐ 아닌 편이다　　☐ 아니다

12 "잘했네" 또는 "열심히 했네" 하고 칭찬해주려고 노력한다.

☐ 그렇다　　☐ 그런 편이다　　☐ 아닌 편이다　　☐ 아니다

13 아이의 결점이 눈에 띄어서 칭찬해주기가 어렵다.

☐ 그렇다　　☐ 그런 편이다　　☐ 아닌 편이다　　☐ 아니다

14 틈틈이 아이 목소리에 귀를 기울이려 노력한다.

☐ 그렇다　　☐ 그런 편이다　　☐ 아닌 편이다　　☐ 아니다

15 아이가 짜증을 낼 때는 자연스럽게 분위기를 만들어 스스로 이야기를 꺼내게 만든다.

☐ 그렇다　　☐ 그런 편이다　　☐ 아닌 편이다　　☐ 아니다

16 결국 부모 혼자서 아이를 향해 떠들고 있었다고 느낄 때가 있다.

☐ 그렇다　　☐ 그런 편이다　　☐ 아닌 편이다　　☐ 아니다

17 아이가 무엇인가를 잘 참고 해냈을 때는 바로바로 칭찬해주고 있다.

☐ 그렇다　　☐ 그런 편이다　　☐ 아닌 편이다　　☐ 아니다

18 공공장소에서 지켜야 할 예절이나 행동에 대해서 평소에 늘 주의를 주고 있다.

☐ 그렇다　　☐ 그런 편이다　　☐ 아닌 편이다　　☐ 아니다

19 아이가 들어갈 학교나 공부 방법 같은 것은 부모가 정해주는 것이 좋다고 생각한다.

☐ 그렇다　　☐ 그런 편이다　　☐ 아닌 편이다　　☐ 아니다

20 아이가 실수했을 때는 그냥 야단만 치는 것이 아니라 어떻게 하면 실수하지 않을 수 있는지를 가르친다.

    ☐ 그렇다   ☐ 그런 편이다   ☐ 아닌 편이다   ☐ 아니다

21 예의범절이나 올바른 인사법 같은 것은 부모가 모범을 보인다.

    ☐ 그렇다   ☐ 그런 편이다   ☐ 아닌 편이다   ☐ 아니다

22 아이가 같은 식구로서 함께 집안일을 거든다.

    ☐ 그렇다   ☐ 그런 편이다   ☐ 아닌 편이다   ☐ 아니다

채 점 방 법 은 다 음 을 보 세 요 ▶ ▶ ▶

- 앞에서 표시한 결과를 아래 점수표에 옮깁니다.
- 각 항목 A, B, C의 점수를 더해 합계를 냅니다.
- 합계를 냈으면 그 다음 표로 가서, 각 항목의 해당하는 점수에 동그라미를 표시합니다.
- 동그라미들을 선으로 연결합니다.

점수표

합계 점수			문항	그렇다	그런 편이다	아닌 편이다	아니다
A			❶	3	2	1	0
			❷	0	1	2	3
			❸	3	2	1	0
		점	❹	0	1	2	3
B	B-1		❺	3	2	1	0
			❻	3	2	1	0
		점	❼	3	2	1	0
	B-2		❽	3	2	1	0
			❾	3	2	1	0
		점	❿	3	2	1	0
	B-3		⓫	3	2	1	0
			⓬	3	2	1	0
		점	⓭	0	1	2	3
C	C-1		⓮	3	2	1	0
			⓯	3	2	1	0
		점	⓰	0	1	2	3
	C-2		⓱	3	2	1	0
			⓲	3	2	1	0
		점	⓳	0	1	2	3
	C-3		⓴	3	2	1	0
			㉑	3	2	1	0
		점	㉒	0	1	2	3

A, B, C 각 항목의 합계 점수를 아래 채점표에서 찾아 동그라미를 표시합니다

그럼 결과는?		◀◀ 낮다 I	높다 ▶▶ II	III
A 좋은 인간관계 경험		1 2 3 4	5 6 7 8	9 10 11 12
B 마음의 에너지	**B-1** 안정감	1 2 3	4 5 6	7 8 9
	B-2 즐거운 경험	1 2 3	4 5 6	7 8 9
	B-3 인정받는 경험	1 2 3	4 5 6	7 8 9
C 사회 생활의 기술	**C-1** 자신의 마음을 전하는 기술	1 2 3	4 5 6	7 8 9
	C-2 자신을 통제하는 기술	1 2 3	4 5 6	7 8 9
	C-3 상황을 바르게 판단하는 기술	1 2 3	4 5 6	7 8 9

A, B, C 각 항목의 합계 점수가 I, II, III의 어느 영역에 들어가는지 표시해 봅시다.

합계 점수가 III 영역에 들어가 있다면, 그 항목에 해당하는 마음의 토대가 잘 만들어져 있다고 할 수 있습니다. II 영역에 해당하는 항목이 있다면, 그 부분은 아이를 대하는 방식을 개선하는 계기로 삼아 봅시다.

점수가 I 영역에 많이 들어가 있는 경우 아이뿐만 아니라 부모도 자기 자신을 돌아볼 필요가 있다는 것을 뜻합니다. 어머니 자신의 마음 에너지가 결핍되어 있을 가능성이 있어요. 남편이나 친한 친구들과 의논도 하고 즐거운 일들을 만들면서 마음의 에너지를 공급해주시기 바랍니다.

진단 결과가 안 좋게 나왔다고 해서 스스로 어머니 자격이 없다고 생각하지는 마세요. 자신의 좋은 점을 탐구해 가면서 아이와 함께하는 시간을 같이 갖기를 권합니다.

당신은 어떤 유형?

그림으로 알아보는 아이의 마음

각 항목의 점수를 동그라미로 표시해 서로 연결해 봅시다.

대체로 다음과 같은 그림이 될 것입니다.

유형에 따라서

부모가 어떤 식으로 아이를 기르고 있는지 진단해 봅시다.

●마음의 토대가 안정적으로 만들어져 있군요!

		◀낮다Ⅰ	Ⅱ	Ⅲ높다▶
	좋은 인간관계 경험			●
마음의 에너지	안정감			●
	즐거운 경험			●
	인정받는 경험			●
사회 생활의 기술	자신의 마음을 전하는 기술			●
	자신을 통제하는 기술			●
	상황을 바르게 판단하는 기술			●

아이가 가족의 따뜻함이나 인간의 좋은 면들을 충분히 경험하고 있습니다. 그래서 자기가 보호받고 있다는 안정감을 느끼고 있어요. 가정이 교육의 장으로서 또 즐거운 곳으로서 제 기능을 잘하고 있습니다. 이대로 따뜻한 가정을 유지해 나가도록 합시다.

◀ Ⅱ 영역에 해당하는 것이 몇 개 있더라도 괜찮습니다. 다만 점수가 낮은 부분이 있다면 다시 살펴보는 것이 좋겠지요.

●어머니에게 어리광부리고 싶은 마음이 가득하네요

		◀낮다Ⅰ	Ⅱ	Ⅲ높다▶
	좋은 인간관계 경험	●		
마음의 에너지	안정감	●		
	즐거운 경험	●		
	인정받는 경험	●		
사회 생활의 기술	자신의 마음을 전하는 기술		●	
	자신을 통제하는 기술		●	
	상황을 바르게 판단하는 기술		●	

혹시 아이를 방치해두고 있지는 않습니까? 아니면 어머니에게 여유가 없어서 아이의 외로움을 눈치 채지 못하고 있는지도 모르겠네요. 이대로 두면 생기가 없어지고 의욕을 잃어버릴 뿐만 아니라 친구들과도 잘 어울리지 못할 수가 있습니다. 아이의 이야기를 많이 들어주세요. 그리고 마음을 북돋아주고, 함께 어울리는 시간을 늘려주세요.

▲ 좋은 인간관계 경험과 마음의 에너지 항목의 점수가 낮습니다. 이 부분이 약하면 내성적인 아이가 되기 쉬워요.

●아이가 부모를 많이 신경 쓰고 있는 것 같군요

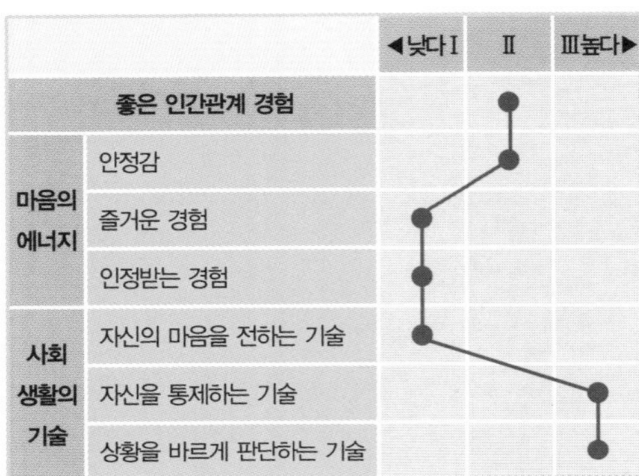

		◀낮다 I	II	III높다▶
	좋은 인간관계 경험		●	
마음의 에너지	안정감		●	
	즐거운 경험	●		
	인정받는 경험	●		
사회 생활의 기술	자신의 마음을 전하는 기술	●		
	자신을 통제하는 기술			●
	상황을 바르게 판단하는 기술			●

▲ 아이가 자기 통제력이나 상황 판단력은 잘 갖추고 있군요. 그런데 부모가 아이를 인정해 주는 부분과 아이의 이야기를 잘 들어주는 부분이 부족한 것 같습니다.

늘 부모의 표정을 살피는 아이가 있지요. 아이는 부모의 기대에 부응하고자 나름대로 열심히 노력하고 있어요. 그런데 거기에 필요한 마음의 에너지가 보급되고 있지 않습니다. 아이가 늘 노력하는 유형이라, 성장기를 거치면서 너무 지치면 그대로 주저앉아 버릴 위험이 있습니다.

●사회생활의 기술을 가르치는 것도 필요합니다

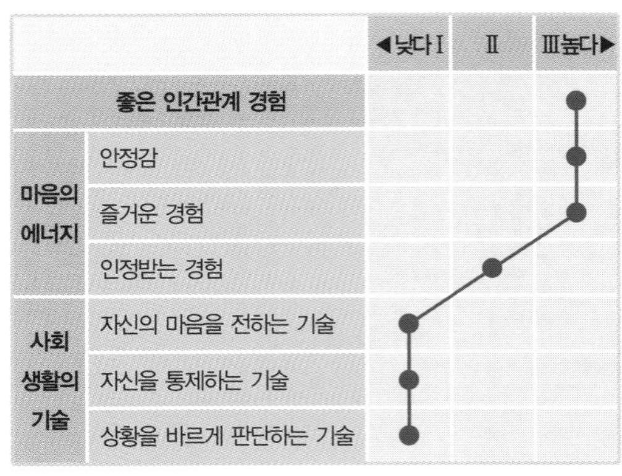

		◀낮다 I	II	III높다▶
	좋은 인간관계 경험			●
마음의 에너지	안정감			●
	즐거운 경험			●
	인정받는 경험		●	
사회 생활의 기술	자신의 마음을 전하는 기술	●		
	자신을 통제하는 기술	●		
	상황을 바르게 판단하는 기술	●		

아이가 사랑을 듬뿍 받으며 자랐군요. 활동적이고요. 그런데 나이에 걸맞은 사회성을 기르지 못했을 가능성이 있습니다. 자기중심적인 가치관을 나타내거나 어른들에게 대드는 경우가 있지는 않습니까? 갑자기 엄하게 다룰 것까지는 없습니다만, 조금씩 참는 힘도 길러 줄 필요가 있습니다.

◀ 좋은 인간관계 경험이나 마음의 에너지 부분은 충분합니다. 그런데 사회생활의 기술은 조금 더 필요하군요.

●어머니가 자기를 봐주기를 바라고 있어요

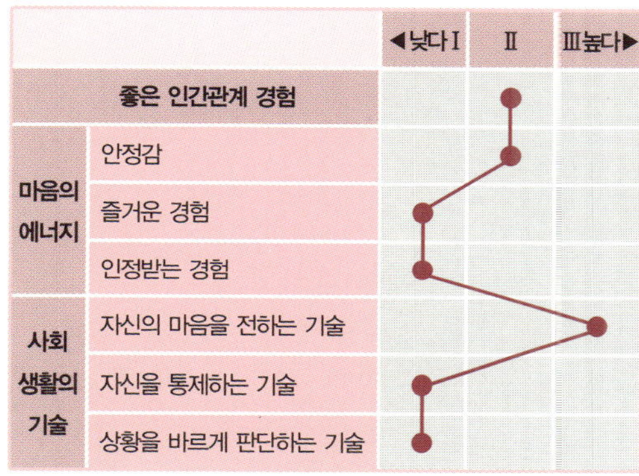

		◀낮다 I	II	III높다▶
	좋은 인간관계 경험		●	
마음의 에너지	안정감		●	
	즐거운 경험	●		
	인정받는 경험	●		
사회 생활의 기술	자신의 마음을 전하는 기술			●
	자신을 통제하는 기술	●		
	상황을 바르게 판단하는 기술	●		

▲ 자기 마음을 전하는 힘은 있는데, 그 외에는 점수가 낮군요. 특히 인정받는 경험이 적은 경우에 주의를 기울여주세요.

이 유형의 아이들은 멋대로 자기주장을 하는 경향이 있습니다. 주변과 겉돌기도 쉽고요. 아이가 부모에게 인정받은 적이 별로 없을 때 이런 모습을 보이는 경우가 많습니다. 아이가 무엇을 잘했을 때만 칭찬하지 말고 "너를 사랑한단다." 하는 마음을 전해주세요. 아이의 마음에 동그라미가 필요합니다.

어떠셨습니까?
결과가 딱 들어맞는다는 분도 계실 테고
별로 그렇지 않다고 생각하는 분도 계시겠지요.
하지만 나름대로 아이와의 관계를 바르게
수정하는 데에 도움이 되었으면 합니다.
부디 아이와 행복한 관계를 만들어
나가시기를 바랍니다.

부모와 아이, 어긋나는 사랑의 화살표가 제자리를 찾기 바라며

저는 20대에서 30대에 이르는 시간을 대부분 교육상담가로서 아이들 상담을 하며 지냈습니다. 도쿄 근교 하치오지 시에 있는 작은 교육상담실이었지요. 아침에는 수업 시작 시간보다 1시간 일찍 상담실로 출근했고, 저녁에는 상담실 문을 닫는 시간이 지나도 상담을 계속했습니다.

당시에는 근처에 별도의 아동상담 시설이 없었습니다. 2세에서 20세까지를 상대로 육아 상담부터 발달장애, 학업 부진, 등교 거부, 따돌림, 가정 폭력, 학교 폭력, 비행, 신경증 등등 마치 시골의 작은 병원처럼 아이와 관련된 모든 문제와 씨름했지요. 지금 생각해도 참 열심히 상담 작업을 했습니다.

37세에는 모교에 새로운 학부 과정이 생겨서 일터를 대학으로 옮겼습니다. 그러나 연구 교육 이외에 아이들 상담도 대학의 심리상담실에서 계속했습니다. 최근에는 제자들이 임상심리사로 활동하고 있어서, 이들 젊은 상담사를 지도하는 일도 맡고 있습니다.

제가 아직 신참이었을 때 상담을 하며 만났던 아이들이 지금 바로 독자 여러분과 비슷한 나이가 되어 있을 것입니다. 이 책은 그렇게 오랫동안 상담을 해오면서 얻은 경험을 바탕으로 하고 있습니다.

상담을 하면서 언제나 어렵다고 느끼는 것이 있습니다. 사람과 사람의 마음이 서로 딱 맞지 않고 조금씩 어긋나 있다는 것입니다. 양쪽 다 결코 나쁜 사람이 아니고 서로 상대방을 싫어하는 것도 아닙니다. 그런데 마음이 맞지 않아서 서로 이해를 못하고 상처를 입힙니다. 특히 슬픈 것은, 서로 소중히 여기고 있는 사람들끼리 마음이 어긋나 상처를 주는 것입니다. 부모와 아이 사이, 부부 사이, 형제 사이처럼 말입니다.

부모는 좋을 거라고 생각하고 한 일인데, 그것이 아이가 정말로 원하는 것과 어긋나 있어서 아이가 힘들어하는 예도 흔히 있지요. 어떤 소녀가 이런 말을 한 적이 있습니다. "엄마가 나를 사랑한다는 것은 잘 알고 있다. 하지만 엄마는 내가 정말로 원하는 것은 아무것도 주지 않았다."라고요. 사랑이 없어서가 아닙니다. 아이가 바라는 것과 일치하지 않기 때문에 아이로서는 마치 애정결핍과 같은 상태가 되는 것입니다.

이런 경우에 부모는 "내가 이렇게나 해주었는데……." 하는 생각이 듭니다. 부모 마음을 몰라주는 아이에게 섭섭한 감정이 생기게 되지요. 그것이 계기가 되어 부모와 아이의 관계가 악순환의 길로 들어서게 됩니다. 상담자의 역할 가운데 하나가 이 같은 악순환의 구조를 깨닫게 해주는 것입니다. 그리하여 상대방의 마음을 받아들이고 선순환의 길로 돌아가도록 이끄는 것이지요.

의욕이라는 것도 부모와 아이 사이에 어긋나기 쉬운 문제입니다. 아이가 의욕이 없어서 걱정이라며 상담실을 찾아오는 부모에게 결코 아이를 사랑하는 마음이 없을 리가 없지요. 오히려 자기 아이가 행복하게 살아가기를 바라는 소망이 누구보다 큰 분들입니다. 그런데 사랑하는 마음이 행동으로 나타날 때, 아이가 바라는 것과 커다란 즈차를 보이는 것이지요.

아주 뛰어난 능력을 가지고 있지만, 논리정연한 부모의 설교와 주장에 눌려 자아상에 상처를 입는 아이도 있습니다. 그리하여 의욕을 잃어버린 아이를 보면 안타까움을 금할 수가 없어요. 또 다루는 방법에 따라서는 얼마든지 아이의 능력을 이끌어낼 수 있을 텐데, 부모의 접근 방식이 오히려 역효과를 내고 있는 경우도 마찬가지입니다.

이 책은 그동안 제 나름대로 상담을 해오면서 경험한 '의욕론'을 아이를 기르는 부모님들과 나누고 싶어서 쓰게 되었습니다. 의욕의 관점에서 바라본 아이의 교육론이라고도 할 수 있겠지요.

부모는 아이를 통해서 성장한다는 말이 있습니다. 저도 1남1녀의 아버지입니다만, 아이가 없었다면 어떠했을까요? 아무리 교육 상담을 해왔다고 해도 아이의 의욕 문제를 놓고 이렇게까지 깊이 생각하지는 못했을지도 모르겠습니다.

아이를 키우면서 부모는 자신의 어린 시절을 다시 한 번 만납니다. 자신의 부모와도 또다시 만납니다. 자신이 어떻게 길러졌는지, 부모에게 정말로 바랐던 것은 무엇인지, 자신이 성장하는 데 영향을 준 사람은 누구였는지 등등을 돌이켜보게 되지요. 그런 것들을 아이를 기르면서 생각하고 또 생각하게 됩니다. 그리하여 아이의 성장을 통해 부모 자신의 성장 과정을 분명히 바라볼 수 있게 되지요.

이때 부모는 자신의 성장 과정에서 좋았다고 생각되는 부분은 자기 아이에게도 주고 싶어합니다. 또 자신에게 부족했다고 여겨지는 부분이 자기 아이에게는 부족하지 않기를 바랍니다. 아이를 키우면서 우리는 '받는 입장'에서 '주는 입장'으로 커다란 입장 전환을 하게 됩니다.

또 아이를 키우면서 우리는 인간이라는 존재를 다시 한 번 생각해보게 됩니다. 아이가 병이 나서 아파하면 부모는 대신 아프고 싶습니다. 그러나 그것은 불가능하지요. 이와 같이 아이에게 힘든 일이 생겼을 때 부모는 그저 기도하고 지켜보는 수밖에 없습니다. 아이를 기르다 보면 좋은 일, 안 좋은 일이 다 생기는 법입니다. 우리 모두가 그런 일들을 겪으면서 어른으로 성장하는 것이겠지요.

아이의 의욕과 함께 부모님들의 의욕도 함께 솟아오르기를 기원합니다. 이 책이 나오기까지 수고해 주신 모든 분들께도 감사의 말씀을 드립니다.

간노 준

옮긴이 임정희
대학에서 자연과학을 전공하고 출판사에서 책 만드는 일을 했다.
현재 일본 도쿄에 머물면서 일본어 전문 번역가로 일하고 있다.
옮긴 책으로는 『비전수학 기초편』, 『비전수학 응용편』, 『내 아이 건뇌교육』 등이 있다.

공부하라고 하지 않고도 아이를 공부시키는 비결

초판 1쇄 발행_ 2010년 4월 15일
초판 2쇄 발행_ 2011년 3월 30일

지은이_ 간노 준
추천_ 문용린
옮긴이_ 임정희
펴낸이_ 명혜정
펴낸곳_ 도서출판 이아소

종이_ 대림지업
필름출력_ 소다미디어
인쇄_ 현문
제본_ 바다제책
코팅_ 서울코팅

등록번호_ 제311-2004-00014호
등록일자_ 2004년 4월 22일
주소_ 121-850 서울시 마포구 성산동 591-4번지 대명키첸시티 1503호
전화_ (02)337-0446 팩스_(02)337-0402

책값은 뒤표지에 있습니다.
ISBN 978-89-92131-30-8 13590

도서출판 이아소는 독자 여러분의 의견을 소중하게 생각합니다.
E-mail: iasobook@gmail.com